◆CONTENTS◆
目　次

JN077433

はじめに

第1章　複式簿記の原理

1．複式簿記とは
- (1) 複式簿記と単式簿記……………………………2
- (2) 簿記でいう「取引」とは………………………3
- (3) 複式簿記のメリット……………………………4

2．貸借対照表と損益計算書
- (1) 貸借対照表………………………………………6
- (2) 損益計算書………………………………………8
- (3) 貸借対照表と損益計算書の関係………………10

3．複式簿記一巡の流れ
- (1) 帳簿と実務の流れ………………………………15
- (2) 勘定………………………………………………17
- (3) 記帳のルール……………………………………18
- (4) 期首（開始）貸借対照表の作成………………21
- (5) 仕訳………………………………………………23
- (6) 元帳への転記と集計……………………………26
- (7) 試算表の作成……………………………………29
- (8) 決算整理と帳簿の締め切り……………………33
- (9) 精算表の作成……………………………………35
- (10) 次期（翌期首）貸借対照表の作成……………36

第2章　記帳の実務

Ⅰ．勘定科目一覧表（例）……………………………40

Ⅱ．期首貸借対照表の作成
- 1．資産の部……………………………………………44
- 2．負債の部……………………………………………46

Ⅲ．期中取引の実際例
- 1．現金の出し入れ……………………………………47
- 2．預金の出し入れ……………………………………48
- 3．農産物等の販売代金の受け入れ…………………50
- 4．助成金・共済金等の受け入れ……………………52
- 5．その他の収入の受け入れ…………………………53
- 6．費用の支払い………………………………………54
- 7．売掛金・買掛金/未収金・未払金…………………59
- 8．償却資産の取得・除却等…………………………60
- 9．事業主貸と事業主借………………………………65
- 10．借入金・預り金等の受け入れ・返済…………67

Ⅳ．決算手続の説明
- 1．決算と決算手続
  - (1) 決算予備手続…………………………………68
  - (2) 決算本手続……………………………………68
- 2．試算表の作成
  - (1) 試算表の必要性………………………………69
  - (2) 試算表の機能と限界…………………………70

- 3．決算整理と棚卸表
  - (1) 決算整理の意味………………………………72
  - (2) 決算整理事項…………………………………72
  - (3) 棚卸表の作成…………………………………72
  - (4) 決算整理仕訳…………………………………73
- 4．精算表の作成
  - (1) 精算表の意味…………………………………75
  - (2) 精算表の形式と作成手順……………………75
- 5．帳簿の締め切りと財務諸表の作成
  - (1) 仕訳帳の締め切り……………………………78
  - (2) 元帳の締め切り………………………………80
  - (3) 財務諸表の作成………………………………84
  - (4) 当期純利益等の繰越し………………………86
  - (5) 次期貸借対照表の作成………………………86

Ⅴ．決算整理仕訳の実際例
- 1．期中に算入していない売掛金・未収金に対する収益の計上及び買掛金・未払金に対する費用の計上……………………………………………87
- 2．農産物の家事消費・事業消費の計上……………89
- 3．農産物（米・麦等）の棚卸…………………………90
- 4．農産物以外（肥料・農薬等の生産資材）の棚卸……………………………………………………91
- 5．農産物以外（販売用動物・未収穫農産物等）の棚卸……………………………………………………92
- 6．減価償却費の計上
  - (1) 農業の用に供する建物，構築物，農業機械，車両運搬具，動物，植物は固定資産台帳に記帳し，償却費を計上します………………………93
  - (2) 減価償却費の仕訳……………………………104
- 7．牛馬・果樹の育成費用の計上……………………105
- 8．家事関連費の家計分の按分………………………107
- 9．農業経営基盤強化準備金…………………………108

第3章　消費税課税事業者の仕訳実務

- 1．消費税の課税事業者と免税事業者……………112
- 2．消費税の経理方式…………………………………113
- 3．日常の経理処理の仕方…………………………115
- 4．納付税額等の経理処理の仕方と所得税の決算との関係
  - (1) 一般課税と簡易課税…………………………117
  - (2) 一般課税の場合………………………………118
  - (3) 簡易課税の場合………………………………121

巻末資料

- 1．所得税青色申告決算書……………………………124
- 2．減価償却資産の耐用年数表（抄）………………130

はじめに

　意欲ある農業経営者にとって，経営規模の拡大・経営の多角化や法人化等を図り，所得を伸ばすチャンスが多い時代になっています。

　経営発展のためには，経営と家計との分離を図り，簿記記帳結果により得られる貸借対照表等の財務諸表から，自らの経営状況を正確に把握することが大切です。簿記記帳には簡易簿記と複式簿記（正規の簿記）がありますが，簡易簿記では経営管理に必要な財務内容を的確に把握できないため，複式簿記により記帳することをお奨めします。

　本書は，複式農業簿記の基礎から実践までを分かりやすく解説した実務書です。今回の改訂では、農業経営基盤強化準備金を取り崩して固定資産を購入する場合の設例を法改正に合わせて修正したほか、所得税青色申告決算書を最新様式に差し替えて記入例を更新するなどの見直しを行っています。

　刊行にあたっては，長きにわたって複式農業簿記を指導してきた都道府県農業会議の協力のもと，研修テキストとしても活用しやすい構成としています。

　また，全国農業図書では姉妹書として「記帳感覚が身につく複式農業簿記実践演習帳」を刊行しています。実際に手を動かして演習問題を解くことで，習熟度が飛躍的に高まりますのでご活用下さい。

　本書が農業者の経営改善・発展の一助になれば幸いです。

　　　　令和5年1月　一般社団法人　全国農業会議所

第1章

複式簿記の原理

1. 複式簿記とは

(1) 複式簿記と単式簿記

```
┌─ ポイント ✍ ═══════════════════════════════════════┐
│                                                       │
│            複式簿記の「複式」とは…                      │
│ ◎損益計算と財産計算の２種類の計算をするので複式簿記      │
│ ◎一つの事象（取引）を原因と結果の二つの面から捉えるので複式簿記 │
│                                                       │
└───────────────────────────────────────────────────────┘
```

　複式簿記を理解するには，単式簿記との違いを知っておくことが大切です。

　単式簿記は，主に収益（収入）や費用（支出）の発生を記録（記帳）することを目的とした簿記です。

　単式簿記の代表的な帳簿として簡易帳簿があります。農業者向けに作られた簡易帳簿で記帳すれば，一年間の売り上げや経費を科目ごとに分類・集計することにより，最終的には，税務申告に必要な青色申告決算書や収支内訳書が作成でき，経営の一年間の成果としての「農業所得」の金額を明らかにすることができます。

　収益と費用にかかわる計算なので，これを**「損益計算」**といいます。

　複式簿記は，収益や費用の発生について記録する**「損益計算」に加え**，事業で使用する現金や預金のほか，土地，建物，農機具，果樹・牛馬など事業用の資産（債権や債務等も含みます）の増減変化を記録する**「財産計算」**を行います。

　損益計算と財産計算の二通りの観点から記録するということは，例えば「庭先販売でトマトが５千円売れた」場合，考え方としては『トマトの売り上げが５千円あった。それによって（事業用の）現金が５千円増えた』と捉えます。

　また，「農協の口座から農薬代１万円が引き落とされた」場合には，『農薬代が１万円かかった。それによって（事業用の）預金が１万円減った』と整理します。

　このように複式簿記では，「トマトを売った」「農薬を買った」というだけではなく，それによって「何がどうなったのか」－ということまで，言い換えれば**「原因と結果」**を記録します。これを複式簿記では**取引の二重性（または二面性）**といいます。

　なお，複式簿記の損益計算によって作られる決算書が損益計算書，財産計算によって作られる決算書が（期末）貸借対照表です。

　損益計算書によって計算された「利益（所得）」と貸借対照表によって計算された「利益（所得）」は必ず一致するなど，この両者には密接な関係がありますが，詳しくは後述します。

(2) 簿記でいう「取引」とは

ポイント☜

◎事業の「資産」「負債」「資本」「収益」「費用」の増減を引き起こす一切の事柄を複式簿記では取引といいます。

　一般的に，商品などの売買などが行われたとき，これを取引が行われたといいますが，簿記でいう取引とは，事業用の財産などに変動を及ぼす一切の事項で，売買などによる金銭やモノの移動，価値の増減などで，すべて貨幣価値によって表示され，記帳の対象となるものをいいます。

　したがって，「簿記上の取引」と「世間一般でいう取引」とは意味が違ってきます。

　火災による倉庫・機械等の滅失，現金の盗難などは簿記上の取引ですが，単なる「契約成立」だけでは簿記上の取引にはあたりません。

　複式簿記では取引の結果，多くの場合は，価値の増加または減少が生じ，あるいは形や性質が変化します。そして，取引の発生に基づき，その価値の変動や内容を正確に記録しなければなりません。

　この取引は，例えば①農産物を販売した場合，農産物を相手に売ることによって自分はお金を得ることになります。つまり，農産物は自分の手元から出て行き，農産物の売上げという収益が発生するとともに，売上金額が金銭として他人の手元から自分の手元に入ることになります。

　また，②肥料を購入した場合には，現金という資産が取引先に移動し，この現金に代わってこちらは肥料という原材料を入手すること（肥料費の発生）になります。

　さらには，③乳牛が死亡した場合などは，乳牛という固定資産（財産）が消滅することによって，自分はその価値分だけ損失を被ることになります。

　このように取引の結果，財産の変化や損益が発生することになります。

　また，④現金を預金に預けた場合には，現金という財産が手元から減少し，代わって預金という財産が増加することになります。これは，損益の発生はありませんが，現金という財産が預金という財産に形を変えたこと，つまり価値の移動が行われたことになります。

参考 簿記の歴史

　簿記の歴史は，ヨーロッパにおいて中世末期からルネサンス時代に，商品経済が発達したことに由来します。こうした中で，地中海沿岸地方においては交易活動が盛んになりました。このため金銭の記録の必要性から記帳習慣がめばえはじめ，ヴェネツィア商人が複式簿記を考案し，これが各地に次第に広がったといわれています。

　我が国では，江戸時代の後期に至り，商いの場で金銭の貸付けが多くなるにつれ，貸し・借りを明らかにする必要性から，取引順に項目を分けずに棒づけの記帳が始まりました。

また，この帳簿は，福運の到来を願って「大福帳」と記されました。明治に入り渋沢栄一が銀行を開くにあたり，洋式簿記が導入されるようになる中で，福沢諭吉がアメリカの商業学校の教科書を翻訳し，「帳合之法（ちょうあいのほう）」として出版されることにより，現在の複式簿記の基ができあがったといわれています。

(3) 複式簿記のメリット

 **ポイント**

なぜ「複式」が求められるのか…

◎大規模な農業経営や，施設園芸，畜産など投資額の大きな経営では，売り上げや経費の記録にとどまる損益計算を中心とする簡易簿記では，経営の管理に必要な財務内容を的確に把握することができないため，経営成績に加え，現在の財政状態や資金繰り等が把握できるような，複式簿記の記帳が不可欠です。

◎複式簿記では次の事項を明らかにすることができます。

　○農業経営の現在の財政状態………**貸借対照表**

　○農業経営の経営成績……**損益計算書**

　○農業経営の一定期間（１年度＝通常12ヶ月間）における業績………**利益（マイナスの場合は損失）**

単式簿記（簡易帳簿）では，

①　財産上の変動を完全に記録することができません。

②　買掛金の支払いや借入金の返済に際し，資金ショートや「勘定合って銭足らず」の状況にあっても気付きにくいといえます。

③　帳簿上の誤りを検査することができません。

これに対し**複式簿記（正規の簿記）では，**

①　経営体の所有する財産の増減変化と損益の発生が体系的に記録されます。

②　現金化しやすい資産や債務の状況が分かるので，資金繰りの計画が立てやすいといえます。

③　財産と損益を関連させながら一定の原理によって記録するため，帳簿上の誤りを自動的に発見することができます。

参考 正規の簿記の原則

　　企業会計の一般原則では「企業会計は，すべての取引につき，正規の簿記の原則に従って，正確な会計帳簿を作成しなければならない」と述べています。

　　正規の簿記の原則とは，すべての会計上の取引を，会計記録として，証拠力のある客観的な証拠資料に基づき，継続的・組織的に記録することです。実務としては，日々の取引を複式簿記の原理に従って仕訳（しわけ）し，仕訳帳，総勘定元帳などの諸帳簿を作成し，さらにこれらを基にして損益計算書，貸借対照表といった財務諸表を作成することを意味します。

　　また，所得税法では上記を基本にし，財務省告示により，各勘定科目ごとに秩序よく整然と記録されなければならないとされています。

　税制上のメリットとして，現在，所得税の計算にあたっては，「**正規の簿記（複式簿記）**」の原則による記帳をもとに，貸借対照表を添付する者については，所得より最高55万円（電子帳簿保存法に基づく電磁的記録の備付け等による申告，または電子情報処理組織（e-Tax）による申告の場合は65万円）を控除するという「青色申告特別控除」が適用されます（この正規の簿記記帳によらない者については，最高10万円を控除することができます）。

2. 貸借対照表と損益計算書

　正規の簿記の原則とは，複式簿記により記帳して，貸借対照表や損益計算書などの財務諸表を作成することであると述べました。

　金銭の出し入れや取引を記録し，計算することを一般に会計といいます。この会計を行うにあたっては，「いつからいつまでを整理し，取りまとめるか」を定めます。この期間のことを会計期間または決算期間といいます。これは通常12ヶ月をもって**1営業期間**または**1会計年度**とします。

　その期間は必ずしも1月～12月とは限らず，次のようになっています。

　ア．個　　　　人：暦年（1月～12月）

　イ．法　　　　人：その組織（会社）の定めた期間

　ウ．公共団体：その公共団体の定めた期間（通常4月～翌年3月）

(1)　貸借対照表（B/S＝Balance Sheet）

◎経営の現在の財政状態を示したものが貸借対照表です。

◎貸借対照表では財政状態を「**資産**」「**負債**」「**資本**」の3要素であらわし，T字型の表の左側（借方）に「**資産**」，右側（貸方）に「**負債**」と「**資本**」を置きます。

（期首）貸借対照表の例

（期首）貸借対照表

（令和○年1月1日現在）

資産の部		金　額	負債・資本の部	金　額	
流動資産	現　　　　金	183,300	買　掛　金	102,000	流動負債
	普　通　預　金	314,000	短期借入金	120,000	
	売　　掛　　金	38,700	長期借入金	3,600,000	固定負債
	農　産　物	400,000	資本金(元入金)	13,568,000	
	肥料その他	25,000			
固定資産	土　　　　地	12,544,000			
	建　　　　物	1,620,000			
	機　械　装　置	1,298,000			
	車　両　運　搬　具	967,000			
		17,390,000		17,390,000	

※「資産の部」及び「負債・資本の部」の科目の並びは，一般的には，流動性配列法（資産の換金性や負債の支払期限の長短などから流動性の高い項目の順に配列する）に基づき表記します。

> **資　産**……農業経営上の現金・預金・農産物・土地・建物・機械・車両・債権などの財産のことを資産といいます（債権とは，将来金銭などを請求する権利です）。
>
> **負　債**……農業経営上の借入金などの債務のことです（債務とは，将来金銭の支払いなどをする義務のことです）。また負債はマイナスの財産ともいえます。
>
> **資　本**
> **（元入金）**……農業経営上の正味の財産は，「資産の総額」から「負債の総額」を差し引いたものであり，これを資本といいます。なお，資本を金額で表したものが「資本金」ですが，個人事業主（経営）の場合は，「元入金」と呼びます。

　貸借対照表の例を見てわかるように，**「資産の部」**は，言うなれば**経営の財産目録＝資金の運用状態**となります。

　それに対し，**「負債・資本の部」**は，左側に列挙された資産を備えるにあたっての**資金の出所＝調達先**をあらわしています。

　別の見方をすると，農業経営を行うためには財産（資産）が必要ですが，その財産はどのようにして手に入れたのかというと，その元手となる自己資金（資本金＝元入金）と，あとの不足分は借入金等の負債によってまかなわれているということになります。

　これを簡単な図によって示すと右のようになります。

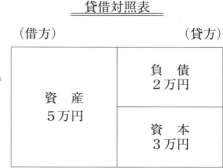

貸借対照表

（借方）		（貸方）
資　産 ５万円	負　債 ２万円	
	資　本 ３万円	

| 資　産 ＝ 資　本 ＋ 負　債 | … **貸借対照表等式** |

５万円 ＝ ３万円 ＋ ２万円

　上記の等式を基に資本を求めるには，次の等式が成り立ちます。

| 資　本 ＝ 資　産 － 負　債 | … **資　本　等　式** |

３万円 ＝ ５万円 － ２万円

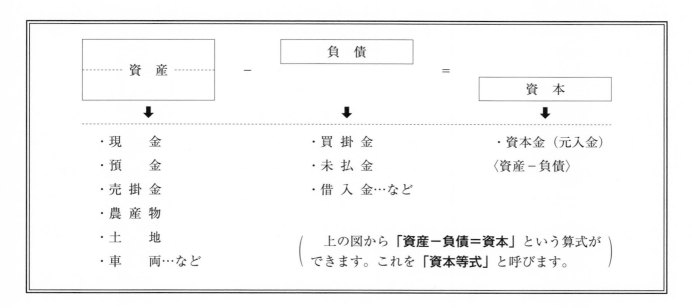

- ・現　　金
- ・預　　金
- ・売　掛　金
- ・農　産　物
- ・土　　地
- ・車　　両…など

- ・買　掛　金
- ・未　払　金
- ・借　入　金…など

・資本金（元入金）
〈資産－負債〉

（　上の図から**「資産－負債＝資本」**という算式ができます。これを**「資本等式」**と呼びます。　）

例1

Aさんは，現金8千万円と土地2千万円を持っています。

まるで，すごい資産家のようなAさんですが，その内容はというと，もともとの元手，つまり「資本」はわずか10万円で，ほとんどが借金，つまり「負債」でした。

（資金の運用状態）		（資金の調達先）	
［資　産］ 現　金　¥80,000,000 土　地　¥20,000,000	＝	［負　債］ 　　　　¥99,900,000	左の図から **「資産＝負債＋資本」** という算式ができます。 この算式が **「貸借対照表等式」**です。
		［資　本］　¥100,000	

このAさんの財産状態を**「貸借対照表」**の形式で示すと，次のようになります。

貸 借 対 照 表

令和○年○月○日現在

	資　　産（借方）		負債・資本（貸方）		
資産 ┄┄┄ 現　　金	80,000,000	借　入　金	99,900,000	┄┄┄ **負債**
┄┄┄ 土　　地	20,000,000	資　本　金 （元　入　金）	100,000	┄┄┄ **資本**
	100,000,000		100,000,000	

　このように複式簿記の目的のひとつは，貸借対照表を作成し，農家の資金がどのように運用されているのか（資産の状態），またその資金をどうやって調達したのか（負債・資本の状態）を明らかにすることにあります。

（2）　損益計算書（P／L＝Profit and Loss Statement）

ポイント

◎経営の一定期間の経営成績を示したものが損益計算書です。

◎経営成績とは，「利益」がどのようにあがったのかをいい，**「利益」**は，**「収益」**から**「費用」**を差し引くことで求めます。なお，費用が収益を上回った場合には，**「損失」**となります。

◎損益計算書も貸借対照表と同様，Ｔ字型であらわし，表の左側（借方）に「費用」と「利益」，右側（貸方）に「収益」を置きます（「損失」が出た場合は右側に表記します）。

損益計算書の例

損 益 計 算 書

令和○年1月1日〜令和○年12月31日

費　　用		収　　益	
租　税　公　課	150,000	な　し　売　上　高	5,000,000
肥　　料　　費	500,000	玄　米　売　上　高	3,000,000
農　　薬　　費	200,000	白　菜　売　上　高	2,500,000
諸　材　料　費	80,000	家　事　消　費	150,000
修　　繕　　費	50,000	農　産　物　期　末　棚　卸　高	120,000
動　力　光　熱　費	470,000	農産物以外期末棚卸高	60,000
荷　造　運　賃　手　数　料	130,000		
支　払　利　息	50,000		
研　　修　　費	20,000		
事　務　通　信　費	30,000		
専　従　者　給　与	2,000,000		
減　価　償　却　費	1,324,500		
農　産　物　期　首　棚　卸　高	100,000		
農産物以外期首棚卸高	60,000		
当　期　純　利　益	5,665,500		
	10,830,000		10,830,000

収　益……売上高をはじめとする営業活動の成果を収益といいます。

　　　　　つまり，利益を生み出す元となる収入の総額のことです。

費　用……肥料費，農薬費，販売費，雇人費など，収益を獲得するために要した部分を費用といいます。

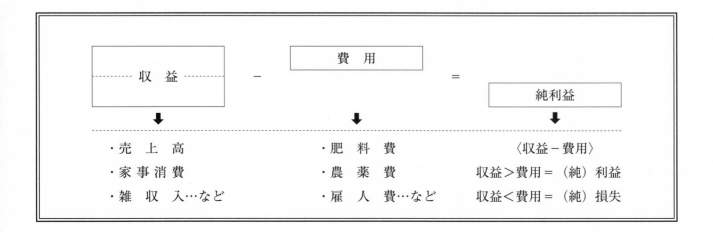

・売　上　高	・肥　料　費	〈収益−費用〉
・家　事　消　費	・農　薬　費	収益＞費用＝（純）利益
・雑　収　入…など	・雇　人　費…など	収益＜費用＝（純）損失

例2

Ｂさんは，今年，農産物３億１万円を売り上げました。

　一見すごいもうけかと思われたＢさん。実は「費用」が３億円もかかってしまい，「純利益」は
わずか１万円で，「経営成績」は良好でないことが分かりました。

［費　用］ 肥料費など　¥300,000,000 ［純利益］　　　　¥10,000	＝	［収　益］ 売上高　　　¥300,010,000

　Ｂさんの経営成績を「**損益計算書**」の形式で示すと次のようになります。

損 益 計 算 書
令和○年１月１日〜令和○年12月31日

	費　　用（借方）		収　　益（貸方）	
費用 ‥‥‥ 肥　料　費		90,000,000	農産物売上高　300,010,000	‥‥‥ **収益**
‥‥ 農　薬　費		60,000,000		
‥‥ 動力光熱費		70,000,000		
‥‥ 諸材料費		55,000,000		
‥‥ 研　修　費		18,000,000		
‥‥ 租税公課		1,000,000		
‥‥ 支払利息		6,000,000		
利益 ‥‥‥ 当期純利益		10,000		
		300,010,000	300,010,000	

　このように，複式簿記のもうひとつの目的は，期末に損益計算書を作成し，収益から費用を差し引
いて当期純利益を計算し，これによって事業の「経営成績」を明らかにすることにあります。

　損益計算書の作成は，貸借対照表による「財政状態」の明示と並んで，税務にも使われる経営にとっ
て大変重要な資料となります。

（3）　貸借対照表と損益計算書の関係

ポイント

◎その年の事業がスタートする１月１日現在の貸借対照表（期首貸借対照表）では，左側（借方）
　の合計額と右側（貸方）の合計額は，［資産＝負債＋資本］の原則により，同額になっています。
◎期中に入り，事業が本格化して収益や費用が発生してくると，貸借対照表では，主に左側の「現

金」や「預金」に増減が起こり，貸借対照表の左側合計と右側合計のバランスが崩れてきます。
◎その年の事業が終了する12月31日現在の貸借対照表（期末貸借対照表）では，黒字経営の場合
には，左側の資産合計額の方が右側の負債・資本合計額よりも大きくなっており（赤字経営の
場合はこれの逆），その差額は，損益計算書上の利益額と必ず一致します。

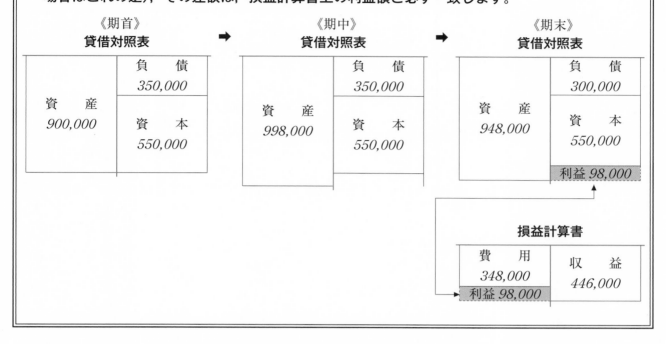

上の図のように，貸借対照表と損益計算書には密接な関連があり，貸借対照表の利益（損失）と損
益計算書の利益（損失）は必ず一致します。

これは，次の図によっても説明することができます。

貸借対照表と損益計算書の関係

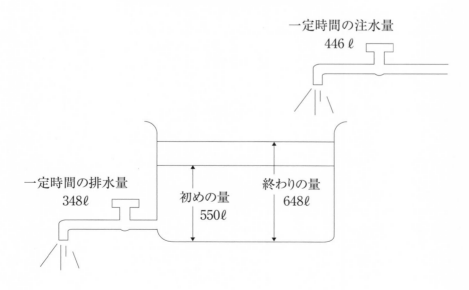

```
ⅰ. 注 水 量  －  排 水 量  ＝  増 水 量
  （収益の総額）    （費用の総額）    （利      益）  →  損益計算書
     446ℓ    －    348ℓ   ＝    98ℓ

ⅱ. 終 わ り の 量  －  初 め の 量  ＝  増 水 量
  （期末の資本）    （期首資本）    （利      益）  →  貸借対照表
     648ℓ    －    550ℓ   ＝    98ℓ
```

　例題により，両者の関係を見てみましょう（ポイントの図表を参照のこと）。ここでは，貸借対照表の下に損益計算書を置いていることに注意して下さい。

①　1月1日　青色農園は，現金¥900,000（自己資金¥550,000，借入金¥350,000）で営農を開始した。

貸借対照表

青色農園　　　　　　令和○年1月1日現在　　　　　　（単位：円）

資産の部	金　　額	負債・資本の部	金　　額
現　　金	900,000	借　入　金	350,000
		資本金(元入金)	550,000

　　　　　　　　　　↑　　　　　　　　　　　　　　　↑
現金という資産を¥900,000所有　　左の資産のうち自己の正味財産は¥550,000

②　4月7日　農機具（機械装置）を購入し，代金¥320,000を現金で支払った。

［資産］現　　　　金　580,000	［負債］借　入　金　350,000
機　械　装　置　320,000	［資本］資　本　金　550,000 （元入金）

　　　　　　計 ↑　¥900,000　　　　　　計 ↑　¥900,000
現金という資産の一部が機械　　自己の正味財産や負債は変わらない
装置という資産に形を変えた

③　6月4日　肥料を購入し，代金¥348,000を現金で支払った。

［資産］現　　　　金　232,000	［負債］借　入　金　350,000
機械装置　320,000	［資本］資　本　金　550,000 （元入金）
［費用］肥　料　費　348,000	

　　　　　　計　¥900,000　　　　　　計　¥900,000

← 費用（肥料費）が発生したことに伴い、資産（現金）がその分減少した。

④ **10月16日　野菜を販売し，代金¥446,000を現金で受け取った。**

[資産]現　金 678,000	[負債]借入金 350,000
機械装置 320,000	[資本]資本金 550,000 （元入金）
[費用]肥料費 348,000	[収益] 野菜売上高 446,000
計　¥1,346,000	計　¥1,346,000

← 収益（野菜売上高）があったことに伴い、資産（現金）がその分増加した。

⑤ **12月31日　借入金¥50,000を現金で返済した。**

[資産]現　金 628,000	[負債]借入金 300,000
機械装置 320,000	[資本]資本金 550,000 （元入金）
[費用]肥料費 348,000	[収益] 野菜売上高 446,000
計　¥1,296,000	計　¥1,296,000

← 負債（借入金）が減少したことに伴い、資産（現金）がその分減少した。

　これで青色農園の1年間の営農が終わりました。さあ，上の図の太線（━）から上下に分離して財政状態（貸借対照表）と経営成績（損益計算書）を見てみましょう。

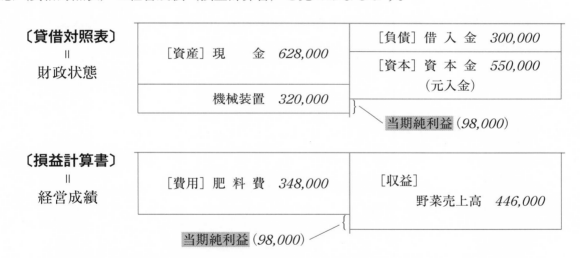

〔貸借対照表〕＝財政状態

[資産]現　金 628,000	[負債]借入金 300,000
機械装置 320,000	[資本]資本金 550,000 （元入金）
	当期純利益（98,000）

〔損益計算書〕＝経営成績

[費用]肥料費 348,000	[収益] 野菜売上高 446,000
当期純利益（98,000）	

　これにより，期末の貸借対照表と損益計算書は，次のページのようになります。

貸 借 対 照 表

青色農園　　　　　　　　令和○年12月31日現在　　　　　（単位：円）

資産の部	金　額	負債・資本の部	金　額
現　　金	628,000	借　入　金	300,000
機械装置	320,000	資本金（元入金）	550,000
		当期純利益	98,000
	948,000		948,000

期末の資本
（648,000）

損 益 計 算 書

青色農園　　　　令和○年1月1日～令和○年12月31日　　　（単位：円）

費用の部	金　額	収益の部	金　額
肥　料　費	348,000	野菜売上高	446,000
当期純利益	98,000		
	446,000		446,000

ここで12月31日の貸借対照表と損益計算書から，以下の2つの式を導くことができます。

〔貸借対照表から〕期末の資本￥648,000 － 期首資本￥550,000 ＝ 当期純利益￥98,000

必ず一致

〔損益計算書から〕収益￥446,000 － 費用￥348,000 ＝ 当期純利益￥98,000

貸借対照表と損益計算書の相違点

	目　　　的	当期純利益の表示	次期への繰越しの有無
貸借対照表	期首，期末時点の財産の状態を明らかにする。 →表の上に作成日を記載する。	右側の資本金（元入金）の下に記入して，左側と右側の合計金額を一致させる。	期末の資本金（元入金）と純利益の合計額が次期の期首の資本金（元入金）となる。
損益計算書	会計期間中の利益（もうけ）を明らかにする。 →表の上に会計期間を記載する。	左側の費用の下に記入して，左側と右側の合計金額を一致させる。	次期へは繰り越さない。

3. 複式簿記一巡の流れ

　一般的に農業者の場合には，正規の簿記たる「複式簿記」で記帳することは難しいという声があり，取り組むことにはかなりの抵抗があるようです。

　しかしながら，貸借対照表や損益計算書で表記される（自分の経営に即した）科目の増減を記録するのだと考えれば，それほど難しいものでもありません。

　さらに簡単に言えば，簿記とは「売った」「買った」「お金が入った」「お金が出ていった」などという取引を記録する作業のことです。

　誰でもが，**金銭の出し入れや売り上げ・経費の計上を中心に，日常の営農活動に伴う財産の増減変動を一定のルールに従って帳簿に記録することにより，自然と複式簿記の記帳をすることができるようになります。**何も特別に頭で考えずに，気楽に記帳すればよいわけです。この記帳が何日もたまってしまうと量が多くなり，ついおっくうで，それがために記帳が難しくなってしまいます。**とにかく，ためずに記帳すること，これが一番大事なことです。**

　また，パソコンによる簿記記帳が広く普及している現在でも，簿記ソフトを使用するユーザーとして，複式簿記の原理・原則をしっかりと把握しておくことは，極めて重要です。

（1）　帳簿と実務の流れ

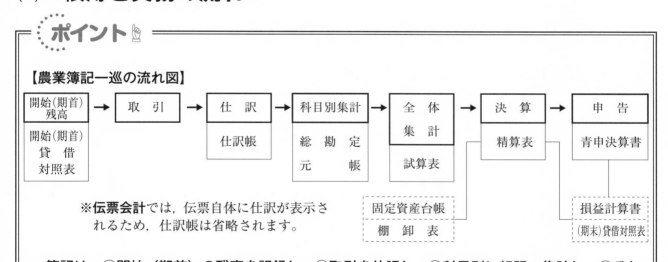

　簿記は，①開始（期首）の残高を記録し，②取引を仕訳し，③科目別に転記・集計し，④それを試算表に集めてそれまでの作業の正否を検証し，⑤その試算表から（期末）貸借対照表と損益計算書を作成します。

……取引……

　商品などの売買による収益や費用の発生だけでなく，現金を預金に預け入れたときや建物，装置などを取り壊したときなども含め，**価値の増加や減少，または移動など，事業用の財産に変動**

を及ぼす一切の事項が，すべて貨幣価値で表示され，記帳の対象となるもののことを簿記上では取引といいます。

……仕訳……

取引が行われた時にその取引を記帳するため，簿記上の法則に従って区分整理をすることを仕訳といいます（詳しくは23～26ページ）。

㈎ 帳　簿

帳簿とは，**取引を記録**して事業運営のために役立たせるとともに，**財産の有高についての計算**と**損益の状況についての計算**を行うための書類をいいます。

この書類は，一定の会計法則に従って記録し，計算することができればよく，用紙類については特別な定めはありません。したがって企業によっては独自に作成し，使用している場合が多くあります。しかし，ここでは特別な用紙類は用いずに，一般に市販されている帳簿の用紙類を使用することを基本に説明することにします。

㈏ 帳簿の分類

① 主要簿

　仕訳帳，総勘定元帳

② 補助簿

　現金出納帳，補助元帳，固定資産台帳，借入金台帳，出資金台帳，補助記入帳（受払簿等）

㈐ 帳簿の体系図（実務の流れ）

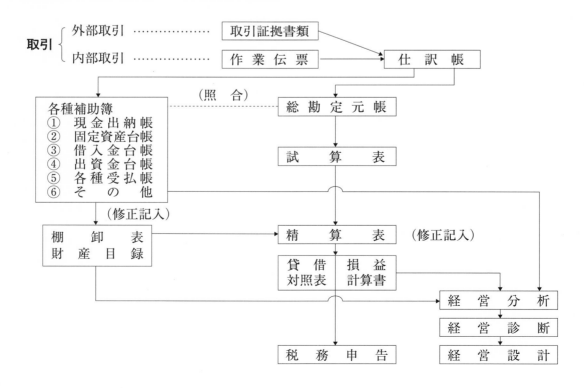

取引が行われた場合には，その事実を証明するための証拠書類（領収書，納品書，請求書，仕切書，通知書，作業日誌等）などを基に，仕訳（項目を分けて区分整理）を行い，その仕訳によって現金出納帳並びに総勘定元帳に記録（記帳）をすることになります。

この記録によって**事業の内容を明らかにし，経営財産の計算（貸借対照表）と損益の計算（損益計算書）を作成して，数値分析と経営改善により，今後の経営に活用するとともに，関係者に報告し，併せて税務申告に役立てる**ことになります。また，資金の融資を受けるときにも，対外的な信用度を見る資料として必要となります。

簿記には「取引→仕訳→科目別集計」という「主要な流れ」があることは説明しました。この簿記の主要な流れの中に位置する帳簿を**「主要簿」**といいます。

この主要簿は「仕訳帳」と「総勘定元帳」から成り立っており，すべての取引を網羅的に扱います。主要簿は，**農業経営の財政状態や経営成績を明らかにする貸借対照表及び損益計算書を作成する**のに不可欠な帳簿です。

「補助簿」は，この主要な流れの外にありますが，**主要簿における記録の不足を補完し，経営管理に役立つ情報を提供する役割**を担っている帳簿です。補助簿は簿記上の取引・勘定のうち，一部の特定の取引・勘定のみを扱います。

(2) 勘定

ポイント 👆

◎貸借対照表や損益計算書で表記される科目のことを，簿記では「勘定科目」または「勘定」と呼びます。

取引が発生すると，財産が変動したり，収益や費用が発生します。それを記録するのが簿記で，その変動を各勘定科目ごとに設けられた**勘定口座**に記録集計していきます。勘定口座とは，勘定科目の増減に関する記録すべてを記入する帳簿上の場所だと考えて下さい。

勘定は，まず大きく貸借対照表勘定と損益計算書勘定に分けられ，さらに貸借対照表勘定は資産勘定，負債勘定，資本勘定に，損益計算書勘定は収益勘定と費用勘定に分類されます。

そして，その下に具体的な勘定科目が設定されます。

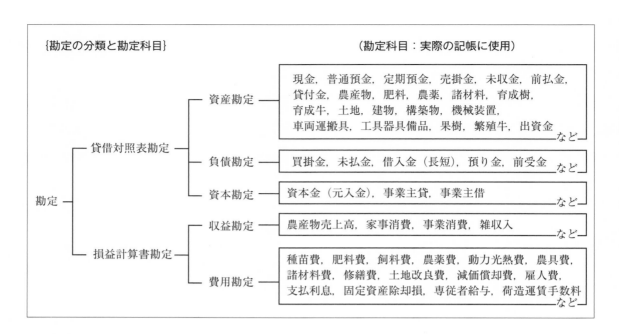

{勘定の分類と勘定科目}　　　　　　　　　　　　　　　　（勘定科目：実際の記帳に使用）

		資産勘定 → 現金，普通預金，定期預金，売掛金，未収金，前払金，貸付金，農産物，肥料，農薬，諸材料，育成樹，育成牛，土地，建物，構築物，機械装置，車両運搬具，工具器具備品，果樹，繁殖牛，出資金　　など
勘定	貸借対照表勘定	負債勘定 → 買掛金，未払金，借入金（長短），預り金，前受金　　など
		資本勘定 → 資本金（元入金），事業主貸，事業主借　　など
	損益計算書勘定	収益勘定 → 農産物売上高，家事消費，事業消費，雑収入　　など
		費用勘定 → 種苗費，肥料費，飼料費，農薬費，動力光熱費，農具費，諸材料費，修繕費，土地改良費，減価償却費，雇人費，支払利息，固定資産除却損，専従者給与，荷造運賃手数料　　など

　勘定科目の設定は，本来は経営者の裁量で決定すべきもので，各自が自分の経営の資産と負債の内容，取引の内容を勘案して最も適した科目を設定するようにします。

　設定した勘定科目は，あらかじめ総勘定元帳の「科目名」欄に記入しておくとともに，貸借対照表勘定については金額も開始残高（通常「前期繰越」）として記入しておきます（22，27ページ参照）。

　なお，農業と不動産などの事業が2つ以上ある場合には，事業の種類別に勘定科目がはっきりと分かるよう何らかの区分をしておくと，事業の種類別に経営の内容が良く分かります。特に損益の記録では，収入（収益）科目と支出（費用）科目については分けておかないと，決算を行う際に事業別の損益計算書を作成することができなくなりますので，必ず区分することが必要です。

（3）　記帳のルール

ポイント

◎各勘定科目の金額の増減は，それぞれの勘定口座に記録されます。

◎勘定口座も貸借対照表や損益計算書と同様に，T字型であらわされ，勘定科目の種類によって，「増えたらその金額を左側（借方）・減ったらその金額を右側（貸方）に記入」するのか，その逆に「増えたらその金額を右側（貸方）・減ったらその金額を左側（借方）に記入」するのかが定められています。

◎たとえば「現金」勘定であれば入金はすべて左へ，出金はすべて右へ記録するという決まりがあります。

勘定タイプ別の記入分類

	借方（左側記入）	貸方（右側記入）
資　　　産	増　加　（＋）	減　少　（－）
負債・資本	減　少　（－）	増　加　（＋）
費　　　用	発　生　（＋）	（消　滅）（－）
収　　　益	（消　滅）（－）	発　生　（＋）

参考 なぜ勘定を左（借方）と右（貸方）に分けるのか？

１年間の会計期間に例えば入金が400回，出金が300回あったとします。

① プラス，マイナスをつけて記録すると…

〔1,150－35＋28＋380－110＋2,350－1,980＋75……〕

このような数字が700個もあったのでは，とても計算するのは難しく，誤る確率も高くなります。

② そこで，勘定で左右に分けて記録すると……

現金という勘定

1,150	35
28	110
380	1,980
2,350	
75	

入金はすべて借方（左）へ→　　　　　　　　　　←出金はすべて貸方（右）へ

このように左右に分けて記入すると見やすくなり，**集計するときにも「左側の合計」「右側の合計」をそれぞれたし算で出し，〈左側合計－右側合計〉の計算で残高を出す**というように，計算方法が簡明になります。

「借方」と「貸方」

複式簿記では，勘定科目ごとに，下のようなＴ字型の**「勘定」**と呼ばれるものを用いて記録，計算します。

（借方）　（勘定）　（貸方）

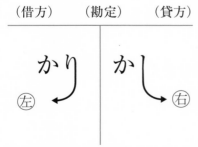

最後の一筆，どちらにはらう？

簿記では，勘定の左側を**「借方」**，右側を**「貸方」**と呼びます。この呼び方は，簿記発祥の当初，商人たちに金を融通する金貸人が相手先別の帳簿（人名勘定）をつくり，金銭の貸し借りとその精算を帳簿の左右に分けて記入したことの名残です。

したがって，現代の簿記記帳の実務では，金の貸借とは一切関係がなく，単純に**「借方は左側，貸方は右側」**と理解しましょう。

取引が発生すると，その財産の変動や収益・費用の発生を勘定口座に記録しますが，19ページの「勘定タイプ別の記入分類」にあるとおり，その勘定の性質によって，増えた場合と減った場合とで左右の記録位置が決められています。

つまり…　①　**資産**に属する勘定科目……**増えたら左**　　**減ったら右**

　　　　　②　**負債**に属する勘定科目……**増えたら右**　　**減ったら左**

　　　　　③　**資本**に属する勘定科目……**増えたら右**　　**減ったら左**

　　　　　④　**費用**に属する勘定科目……**発生**したら**左**

　　　　　⑤　**収益**に属する勘定科目……**発生**したら**右**

　　　　　　　　　　　　　　　　　　　　　　　　　…となるわけです。

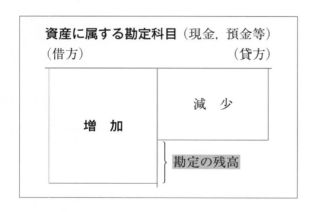

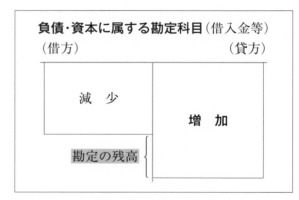

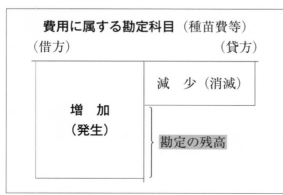

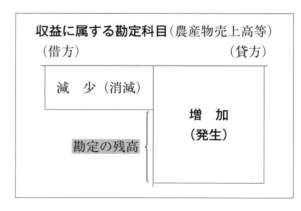

① 貸借対照表や損益計算書の左側に位置する資産勘定と費用勘定は，原則的に借方科目

　　よって　<　増加→勘定の借方へ
　　　　　　　減少→勘定の貸方へ

② 貸借対照表や損益計算書の右側に位置する負債勘定，資本勘定，収益勘定は，原則貸方科目

　　よって　<　増加→勘定の貸方へ
　　　　　　　減少→勘定の借方へ

（4）　期首（開始）貸借対照表の作成

ポイント👆

◎個人経営を複式簿記によって記帳する場合には，記帳を開始するにあたり，経営財産を調査し，開始時の貸借対照表を作成する必要があります。この場合には，計算式（貸借対照表等式や資本等式／7ページ）を基にして資本金（元入金）を計算することになります。

　手順としては，まず経営で使用している**資産**と**負債**を調査します。

　資産と負債に属する勘定科目にどんなものがあるのかは，前の「勘定」の項でおおよそ述べました（17ページ）。これの1月1日現在の状態を全部調べて，〔資産総額〕－〔負債総額〕の計算で資本の額（**個人の場合は元入金**）を求め，期首（開始）貸借対照表を作成します。

　調査に際して，事業に無関係の次の資産・負債は調査対象から除く必要があります。

　　① 専用住宅，家具などの家計用資産
　　② 家族が給与等で得た現金・預金などの個人資産
　　③ 専用住宅の住宅ローンなど家計のための負債
　　④ 借地や借りた機械など借用資産

　なお，農業と不動産などの事業が2つ以上ある場合には，それぞれの資産・負債等を合算して，ひとつの貸借対照表として作成します。

　また，事業用と個人用の共同資産（住宅，乗用車など）は，残高を固定資産台帳の「事業専用割合」で按分して計上します。

参考 土地の評価について

　　　個人の経営において農業経営の貸借対照表を作成する場合，土地の評価をどうするかが問題となります。土地をどのようにみるのかについては，学者によっても考え方が異なり，大変難しいことです。

　　　農業経営を行うにあたって土地は重要な経営財産です。しかしながら，農業経営で使用されている土地は，現在わが国にあっては，経営からみた場合には，妥当性のある価額で評価

されているかというと，必ずしもそうとはいえないのが現状です。

　本来は，農業経営上使用している土地は，「農業投資価格」なり，農業生産を前提とした「収益還元地価」であるべきと考えられますが，現在の価額は特に都市部では，異常に高額であるなど，地域によって大きく差異があるのが現状です。

　あえてこれを現在価値で評価すると，資産価値が大幅に多額となってしまい，資本金（元入金）だけが異常に多くなり，経営をゆがめてしまうとともに，農業経営からみると過剰投資状況となり，経営が成り立たなくなってしまいます。

　このため青色申告の貸借対照表を作成するにあたっては，農業で使用する土地部分のみを（家計用と共用しているものがあれば按分する）固定資産税の評価額で表示するように課税当局から指導されている場合が多いようです。この場合，最初に評価した時点の評価額で，以降は評価替えをせずに，そのままの維持となります。

　なお，経営分析をするにあたっては，一般的に，通常，相続で引き継いだ土地については評価はせず，新たに取得した土地のみを取得価額で計上するという方法が多く採られていますので，この方法でも良いのではないかと考えます。

期首貸借対照表から元帳への転記の例

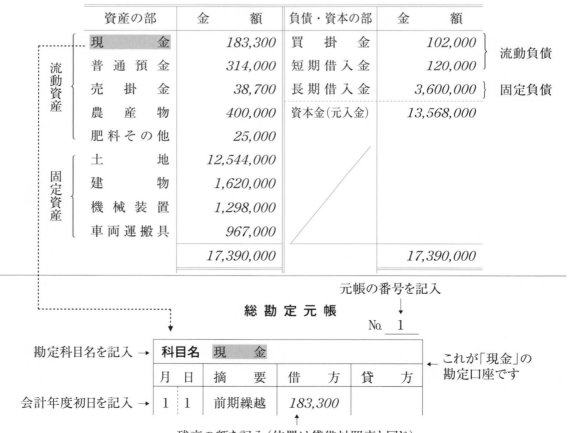

（期首）貸借対照表
（令和○年1月1日現在）

資産の部	金　額	負債・資本の部	金　額	
現　　　金	183,300	買　掛　金	102,000	流動負債
普 通 預 金	314,000	短 期 借 入 金	120,000	
売　掛　金	38,700	長 期 借 入 金	3,600,000	固定負債
農　産　物	400,000	資本金（元入金）	13,568,000	
肥料その他	25,000			
土　　　地	12,544,000			
建　　　物	1,620,000			
機 械 装 置	1,298,000			
車 両 運 搬 具	967,000			
	17,390,000		17,390,000	

流動資産（現金〜肥料その他）
固定資産（土地〜車両運搬具）

元帳の番号を記入

総　勘　定　元　帳
No. 1

勘定科目名を記入 →

科目名	現　　金			
月　日	摘　　要	借　方	貸　方	
1　1	前期繰越	183,300		

これが「現金」の勘定口座です

会計年度初日を記入 →

残高の額を記入（位置は貸借対照表と同じ）

具体的な勘定科目名は「勘定科目一覧表」（40～43ページ）を参照

(5) 仕訳

ポイント☝

◎簿記では，取引の結果を勘定口座に記入しますが，その場合に直接勘定口座に書き込むのではなく，準備作業を行います。これを「**仕訳**」といいます。

◎仕訳も，貸借対照表や損益計算書，勘定口座と同様にＴ字型であらわされ，一つの取引には必ず借方記入と貸方記入が少なくとも一つずつあらわれます。また，一つの取引の借方記入と貸方記入のそれぞれの合計金額は必ず一致します。

仕訳の必要性として，次のことがあげられます。

① 取引を発生順に見たい場合，勘定口座記入だけでは不便である。

② 勘定口座への直接記入は誤りが生じやすい。

③ その誤りを発見することも勘定口座記入だけの場合，困難となる。

仕訳の手順と留意点

1 取引について，**記入（使用）すべき勘定科目**と**借方か貸方か**及び**金額**を決定します。

2 決定した勘定科目を**借方記入**と**貸方記入**に分け，**借方記入を左側へ**，**貸方記入を右側へ**，それぞれ勘定科目名，金額の順で書き示します。

3 **一つの取引には，必ず借方記入と貸方記入が同額ずつあらわれます。**借方，貸方の結びつきは以下のようになります。

取引の8要素

（借　方）　　　　　　　　（貸　方）

①**資 産 の 増 加**　　　⑤資 産 の 減 少

②**負 債 の 減 少**　　　⑥**負 債 の 増 加**

③**資 本 の 減 少**　　　⑦**資 本 の 増 加**

④**費 用 の 発 生**　　　⑧**収 益 の 発 生**

要は，その取引が，左表のどれにあたるのかを判断し，①②③④であれば左（借方）に，⑤⑥⑦⑧であれば右（貸方）にと位置を決定していけばよいのです。

---注意---
左右の金額は必ず一致！

4 このうち，迷いやすいのは，勘定科目が左右どちらに置かれるかの決定であり，これがスムーズにできるようになれば日常実務の大半がこなせることになります。

日常の取引で最も頻繁に使われる勘定科目は「**現金**」と「**預金**」です。

現金と預金は「増えたら左」「減ったら右」と頭に入れて，あとは，反対側に置かれる科目を探せばよいのです!!

また，「**費用は左**」「**収益は右**」と覚え，相手側を探すのも効果的です。

仕訳の代表的な組み合わせの例

借　　　方	貸　　　方
現金の入金/預金の預け入れ/家計への貸し/売掛金・未収金の発生/借入金・預かり金の返済/買掛金・未払金の清算/費用の発生/その他	現金の出金/預金の引き出し/家計より借り/売掛金・未収金の清算/借入金・預り金の発生/買掛金・未払金の発生/収益の発生/その他

⟷

> ほとんどの取引は，左図の仕訳の組み合わせになります！

では，例題に基づいて仕訳をしてみましょう。

【例1】 現金¥50,000を普通預金に入金した。（2月5日）

　　　①資産の増加 ————————— ⑤資産の減少

（借）普 通 預 金　　50,000	（貸）現　　　　金　　50,000

【例2】 普通預金から現金¥30,000を引き出した。（2月25日）

　　　①資産の増加 ————————— ⑤資産の減少

（借）現　　　　金　　30,000	（貸）普 通 預 金　　30,000

【例3】 肥料¥120,000を購入し，現金で支払った。（3月30日）

　　　④費用の発生 ————————— ⑤資産の減少

（借）肥 料 費　　120,000	（貸）現　　　　金　　120,000

【例4】 トマト販売代金¥126,000を普通預金に受け入れた。（5月18日）

　　　①資産の増加 ————————— ⑧収益の発生

（借）普 通 預 金　　126,000	（貸）トマト売上高　126,000

【例5】 短期借入金¥800,000を普通預金に受け入れた。（5月31日）

　　　①資産の増加 ————————— ⑥負債の増加

（借）普 通 預 金　　800,000	（貸）短 期 借 入 金　800,000

【例6】 農薬¥32,000を購入し，代金は後払いとした。（6月20日）

　　　④費用の発生 ————————— ⑥負債の増加

（借）農 薬 費　　32,000	（貸）買 掛 金　　32,000

【例7】 軽トラックを¥15,000で修理，代金は後日払いとした。（7月8日）

④費用の発生 ――――――― ⑥負債の増加

| （借）修 繕 費 | 15,000 | （貸）未 払 金 | 15,000 |

【例8】 長期借入金のうち元金¥100,000と利息¥48,000を現金で支払った。（9月3日）

②負債の減少 ――――――― ⑤資産の減少
④費用の発生 ―――

| （借）長 期 借 入 金 | 100,000 | （貸）現　　金 | 148,000 |
| 支 払 利 息 | 48,000 | | |

では，以上の仕訳を実際の仕訳帳に記入してみましょう。

例3

=== 思い出そう，取引の8要素!! ===

仕　訳　帳

月	日	摘　　　要	借　方	金　額	貸　方	金　額
2	5	普通預金に入金	普 通 預 金	50,000	現　　金	50,000
	25	普通預金から引き出し	現　　金	30,000	普 通 預 金	30,000
3	30	農協から石灰購入	肥 料 費	120,000	現　　金	120,000
5	18	農協からトマト代入金	普 通 預 金	126,000	トマト売上高	126,000
	31	農協から短期借入	普 通 預 金	800,000	短期借入金	800,000
6	20	農協から農薬購入	農 薬 費	32,000	買 掛 金	32,000
7	8	C板金で軽トラック修理	修 繕 費	15,000	未 払 金	15,000
9	3	農協へ近代化資金の元利支払	長 期 借 入 金 支 払 利 息	100,000 48,000	現　　金	148,000

同じ月で同じページであれば
日付のみの記入で済ませます

取引の内容を簡潔に
記入します

仕訳のルールにしたがって具体的
な勘定科目名を左右に記入します
（仕訳帳で最も大切な記入欄）

ひとつの取引においては，左右の
合計金額が必ず一致します

※伝票会計では，仕訳伝票（振替伝票）を日付順に綴れば，仕訳帳になります。

仕訳（振替）伝票の例

現金の入金・出金も振替伝票で処理することにより，日付順に綴ることで仕訳帳を代用できます。

振 替 伝 票				No.							承認印					係印	
	年 月 日																
○	金 額		借方科目		摘 要			貸方科目		金 額							
○																	
				合 計													

(6) 元帳への転記と集計

ポイント

◎次に元帳上の勘定口座へ記入しますが，これを仕訳帳から元帳への**「転記」**といいます。

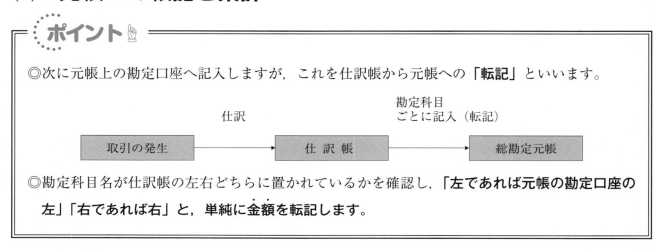

◎勘定科目名が仕訳帳の左右どちらに置かれているかを確認し，**「左であれば元帳の勘定口座の左」「右であれば右」**と，単純に金額を転記します。

総勘定元帳の勘定科目名が，仕訳帳の左右どちらにあるかを確かめ，そのまま金額を落としていきます。総勘定元帳は**「仕訳帳の科目の方向に金額を入れる」**と覚えましょう。

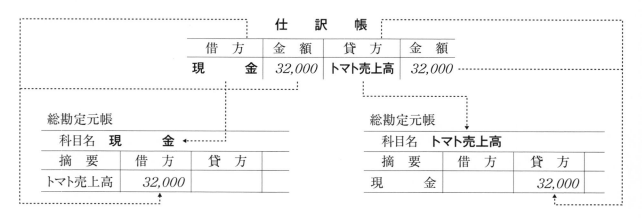

① 「月日」欄には取引の発生年月日を記入します。なお，貸借対照表勘定で1月1日現在，前期からの繰越額がある科目については，第1行目に1月1日，前期繰越○○○円と記載します。

② 「摘要」欄には仕訳の相手科目を記入します。

③ 仕訳の相手科目が複数になる場合は，「摘要」欄には **「諸口」** と記入します。

総勘定元帳　　　　No.＿＿

科目名	現		金	
月	日	摘　要	借　方	貸　方
1	1	前期繰越	50,000	
●	×	トマト売上高	32,000	
		月　計		
		累　計		

仕訳と記帳の仕組み

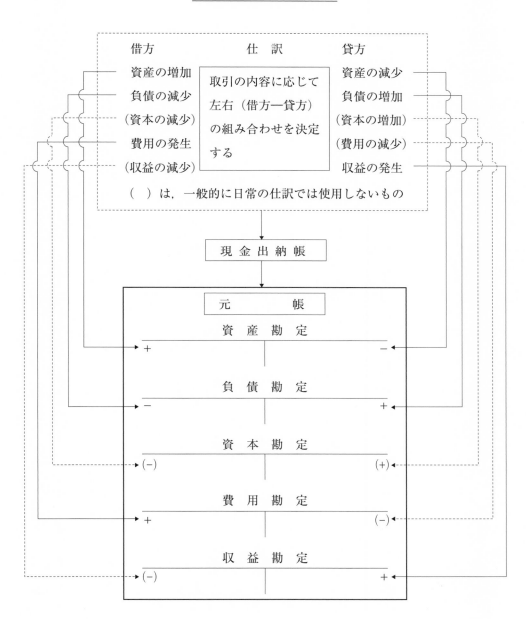

総勘定元帳には，たくさんの勘定科目が混在する仕訳帳から，一つ一つの科目を整理整頓し集計する役割を負担させています。

中身の詰まったタンス全体が決算書だとすると，総勘定元帳はひき出しの役目を負うので，これら

個々の集計結果がすなわち決算書を構成することになります。

　総勘定元帳は，通常月1回仕訳帳から転記し，さらに試算表（29ページ参照）にその集計結果を落として，そこまでの作業の正確性などを検証します。

では，仕訳帳から総勘定元帳への転記を実例で見てみましょう。

例4

仕　訳　帳

	摘　　要	借　方	金　額	貸　方	金　額
①	Aよりトマト代金振込	普 通 預 金	250,000	トマト売上高	250,000
②	トマトを朝市で直売	現　　　金	35,000	トマト売上高	35,000
③	田植機購入，代金後払	機 械 装 置	520,000	未 払 金	520,000
④	普通預金から引出	現　　　金	200,000	普 通 預 金	200,000
⑤	Bに賃金支払	雇 人 費	75,000	現　　　金	75,000

元　　帳

（科目名）　**現　　金**

	摘　要	借　方	貸　方
②	トマト売上高	35,000	
④	普 通 預 金	200,000	
⑤	雇 人 費		75,000
	計	235,000	75,000

（科目名）　**未 払 金**

	摘　要	借　方	貸　方
③	機 械 装 置		520,000
	計		520,000

（科目名）　**普 通 預 金**

	摘　要	借　方	貸　方
①	トマト売上高	250,000	
④	現　　　金		200,000
	計	250,000	200,000

（科目名）　**機 械 装 置**

	摘　要	借　方	貸　方
③	未 払 金	520,000	
	計	520,000	

（科目名）　**雇 人 費**

	摘　要	借　方	貸　方
⑤	現　　　金	75,000	
	計	75,000	

（科目名）　**トマト売上高**

	摘　要	借　方	貸　方
①	普 通 預 金		250,000
②	現　　　金		35,000
	計		285,000

（7） 試算表の作成

ポイント

◎A農家がB銀行から現金¥1,000を借り入れるケースについて，帳簿上の流れを見ていくことにしましょう。

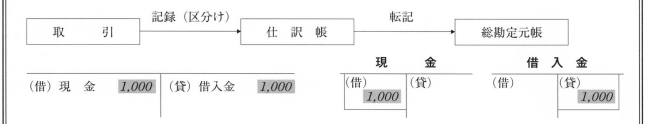

◎このように，取引による財産や収益，費用の変動を仕訳すると，必ず2つ以上の勘定科目が発生し，**借方と貸方には必ず同額が記入されます（合計額として）。**

◎どの様な取引・仕訳であってもこれは同様であり，よって，**元帳へ転記した後もすべての勘定を合計すれば，借方の合計金額と貸方の合計金額は必ず一致します。** このことを「**貸借平均の原理**」といいます。

◎この原理は，簿記上の取引の流れのすべてにおいて適用される，簿記では最も大切なルールです。

◎したがって，取引記録の仕訳帳への記入，総勘定元帳への転記が正しく行われていれば，すべての勘定の借方金額の合計と貸方金額の合計は必ず一致します。逆に万が一，どこかで誤った場合は，一致しなくなります。

◎そこで，記録や集計が正しく行われたかどうかを確認するために，前図を表形式にまとめたものを作成して検証する必要があります。

この表を「合計試算表」（T／B ＝ Trial Balance）といいます。

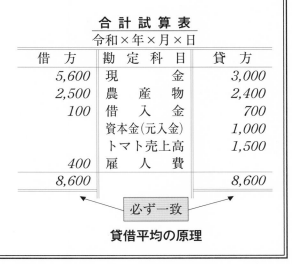

合計試算表

令和×年×月×日

借　方	勘定科目	貸　方
5,600	現　　　金	3,000
2,500	農　産　物	2,400
100	借　入　金	700
	資本金(元入金)	1,000
	トマト売上高	1,500
400	雇　人　費	
8,600		8,600

必ず一致

貸借平均の原理

試算表の種類

前図のように**各勘定の借方合計と貸方合計を集計して作成する試算表**を「**合計試算表**」といいます。

これに対して，**各勘定の残高を集計して作成する試算表**もあり，これを「**残高試算表**」といいます。

この**残高試算表**は，貸借対照表や損益計算書を作成するときの基礎になる大変重要なものです。

残 高 試 算 表
令和×年×月×日

借　方	勘 定 科 目	貸　方
2,600	現　　　金	
100	農　産　物	
	借　入　金	600
	資本金(元入金)	1,000
	トマト売上高	1,500
400	雇　人　費	
3,100		3,100

さらに合計試算表と残高試算表を一つにまとめた「**合計残高試算表**」があります。

合計残高試算表
令和×年×月×日

借方残高	借方合計	勘 定 科 目	貸方合計	貸方残高
2,600	5,600	現　　　金	3,000	
100	2,500	農　産　物	2,400	
	100	借　入　金	700	600
		資本金(元入金)	1,000	1,000
		トマト売上高	1,500	1,500
400	400	雇　人　費		
3,100	8,600		8,600	3,100

元帳から試算表への転記

総勘定元帳の合計欄から，科目ごとに試算表に金額を転記していきます。

総勘定元帳の借方合計を試算表の借方合計試算表欄に，総勘定元帳の貸方合計を試算表の貸方合計試算表欄へと単純に転記していきます。

合計試算表は，総勘定元帳の各勘定の**借方合計額と貸方合計額**で構成されています。

　　したがって，**残高試算表は**，総勘定元帳の各勘定の，**借方合計と貸方合計の差額**そのものであるといえます。

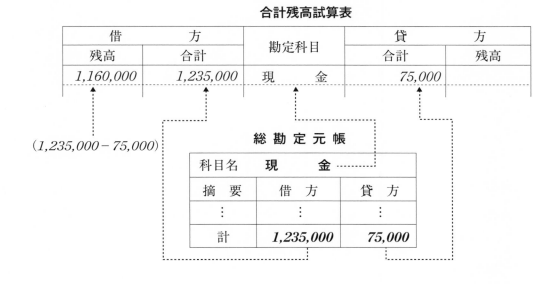

この残高試算表は，貸借対照表や損益計算書を作成するときの基礎になります。

合計残高試算表

借　方		勘定科目	貸　方	
残高	合計		合計	残高
1,160,000	*1,235,000*	現　　金	*75,000*	

（*1,235,000 − 75,000*）

総 勘 定 元 帳

科目名	**現　　金**	
摘　要	借　方	貸　方
⋮	⋮	⋮
計	**1,235,000**	**75,000**

合計残高試算表

令和×年×月×日

	借　方		勘 定 科 目	貸　方		
	残高	合計		合計	残高	
①	**1,160,000**	1,235,000	現　　　　　金	75,000		
②	**50,000**	250,000	普 通 預 金	200,000		
③	**520,000**	520,000	機 械 装 置			
			未 払 金	520,000	**520,000**	④
			資本金(元入金)	1,000,000	**1,000,000**	
			トマト売上高	285,000	**285,000**	
	75,000	75,000	雇 人 費			
	1,805,000	*2,080,000*	合　　　　　計	*2,080,000*	*1,805,000*	

合計試算表の各勘定科目の借方と貸方の金額を比較して，金額の大きい方の残高試算表に，その差額を記入していきます。

①の例（借） 1,235,000 ー（貸）   75,000 ＝（借） **1,160,000**
②の例（借）   250,000 ー（貸）   200,000 ＝（借）   **50,000**
③の例（借）   520,000 ー（貸）   0 ＝（借） **520,000**
④の例（貸）   520,000 ー（借）   0 ＝（貸） **520,000**

＊残高試算表の場合，ひとつの科目で借方と貸方の両方に金額が記載されることはありません。

Step Up!

【試算表の貸借が一致しなかった場合】

取引は借方金額と貸方金額が等しくなるように仕訳されるので，借方合計と貸方合計は必ず一致するはずです。

そのため，試算表の貸借合計が一致しないということは，今までの記録，集計に誤りがあったことを示します。そこで，もし借方合計と貸方合計が不一致の時は，どのように調べればよいのでしょうか？

貸借が一致しない場合，考えられるケースでは，次のようなことがあげられます。

(1) **試算表作成上の誤り**

借方・貸方の合計計算の誤り，総勘定元帳から試算表へ転記するときの誤り等が考えられます。

(2) **総勘定元帳上の誤り**

各勘定の合計計算の誤り，各仕訳帳からの転記誤り等が考えられます。

(3) **仕訳上の誤り**

仕訳そのものの誤り等が考えられます。

では，これをさがすにはどうすればよいでしょうか？

貸借が一致しない場合にこれをさがすのは大変です。一つ一つの仕訳から確認していく方法もありますが，これでは時間がかかってしまいます。そこで，早く発見できる方法として次のようなものがあります。

① **貸借差額と同じ金額または差額の半分に注意**

```
  借方合計          貸方合計            ・40,000円の取引について，借方だけに
  100,000          60,000              計上したものがないか？
                                      ・20,000円の取引について，借方に二重
                                        に計上したものがないか？
           40,000差額（1/2＝20,000）
```

② 貸借差額が9で割り切れる場合，桁違いに注意

　　本来 100,000 と記入すべきものを 10,000 と記入したとしましょう。その差額 90,000 は
ちょうど9で割り切れる数字です。試しに他の数値を使ってみてください。桁違いの場合の差
額は必ず9の倍数になるためです。

（8）　決算整理と帳簿の締め切り

◎1年の会計期間が終了すると，当期の業績や保有財産を明らかにするために決算が行われます。

◎基本的には，**総勘定元帳の各勘定科目の残高を確定させる作業**となります。

◎そのためには，**期中の通常の取引では「仕訳」としてあらわれなかった事項**（期中に算入して
いない翌期に精算（入・出金）される売掛金・未収金に対する収益や買掛金・未払金に対する
費用の計上，家事消費や事業消費の計上，農産物や生産資材等の棚卸資産に係る処理，減価償
却費や育成費の計上，家事関連費の除外など）について決算時に仕訳をし，元帳の記入を修正・
整理します。

◎この手続きを「決算整理」または「決算修正」といい，このために行う仕訳を「決算整理仕訳」
または「決算修正仕訳」といいます。

決算整理項目

①期中に算入していない売掛金・未収金に対する収益の計上

②期中に算入していない買掛金・未払金に対する費用の計上

③農産物の家事消費額や事業消費額の計上

④農産物（米・麦等）の棚卸

⑤農産物以外（生産資材・販売用動物・未収穫農産物等）の棚卸

⑥減価償却費の費用計上

⑦牛馬・果樹等の育成費用の計上

⑧家事関連費の家計分の按分

費用の確定

期中費用	期末棚卸高 ⑤
	育成費用 ⑦
② 未算入買掛金・未払金に対する費用	家計費按分 ⑧
⑤ 期首棚卸高	} ※2「確定費用」
⑥ 減価償却費	

収益の確定

④ 期首棚卸高	期中売上高
	未算入売掛金・未収金に対する収益 ①
※1「確定収益」	期末棚卸高 ④
	家事・事業消費額 ③

{棚卸高とは肥料，農薬等の在庫}

【式】
$$\left(\begin{matrix} 期中費用 \\ 未算入買掛金分の費用 \\ 期首棚卸高 \\ 減価償却費 \end{matrix} \right) - \left(\begin{matrix} 期末棚卸高 \\ 育成費用 \\ 家計費按分 \end{matrix} \right)$$

{棚卸高とは農産物の在庫}

【式】
$$\left(\begin{matrix} 期中売上高 \\ 未算入売掛金分の売上高 \\ 期末棚卸高 \\ 家事・事業消費額 \end{matrix} \right) - 期首棚卸高$$

〔確定収益〕－〔確定費用〕＝〔当期純利益〕
　　※1　　　　※2

なお，決算整理の具体的な仕訳方法は87～110ページで説明します。

帳簿の締め切り

仕訳帳の締め切り

① 期中取引の仕訳が終了した時点でいったん仕訳帳を締め切ります（第一次締め切り）。

② 決算整理仕訳及び決算振替仕訳（79ページ「ポイント」参照）を行って，再び仕訳帳を締め切ります（第二次締め切り）。

月	日	摘　要	借　方	金　額	貸　方	金　額	
		（期中仕訳）					
							← 第一次締め切り
12	31	（決算整理仕訳）					
		（決算振替仕訳）					← 第二次締め切り

総勘定元帳の締め切り

① 期中取引の整理が終了した時点でいったん勘定を締め切ります。

② すべての勘定残高を損益勘定や繰越試算表へ振り替えて再度勘定を締め切ります。

【例】

1年間，もっぱら費用としてきた動力光熱費¥398,000のうち30％を家計費（事業主貸）に按分する決算整理を行って帳簿を締めた。

{総勘定元帳}

科目名　動力光熱費					
月	日	摘　　要	借　方	貸　方	差引残高
		月　　計	12,000		
		累　　計	398,000		
12	31	事 業 主 貸		119,400	
		決 算 整 理 計		119,400	
		累　　計	398,000	119,400	278,600
		損益勘定へ		278,600	
			398,000	398,000	

（9）　精算表の作成

◎（決算整理後の）残高試算表を貸借対照表勘定に属する勘定科目と，損益計算書勘定に属する勘定科目に分割し，**当期純利益**を求めたものが精算表です。

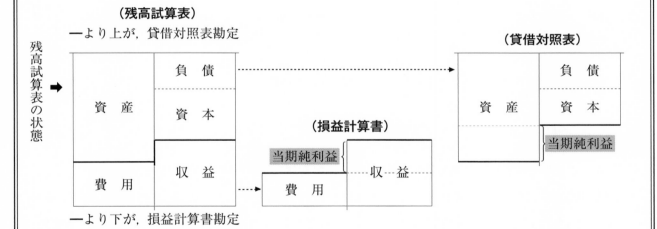

精算表の様式

精　算　表

勘 定 科 目	残高試算表		損益計算書		貸借対照表	
	借　　方	貸　　方	借　　方	貸　　方	借　　方	貸　　方
現　　　　　金	1,160,000				1,160,000	
普 通 預 金	50,000				50,000	
機 械 装 置	520,000				520,000	
未 　 払 　 金		520,000				520,000
資本金(元入金)		1,000,000				1,000,000
トマト売上高		285,000		285,000		
雇 　 人 　 費	75,000		75,000			
当 期 純 利 益			① **210,000**		②	**210,000**
合　　　　計	1,805,000	1,805,000	285,000	285,000	1,730,000	1,730,000

※ここでは，簡単に説明するために，決算修正に係る「修正記入」欄と「修正後残高試算表」欄を省いた6けたで表示しています。10けた形式の精算表は，75ページを参照して下さい。

①の計算　（収益の合計）－（費用の合計）＝（当期純利益）

　　　　　（トマト売上高）285,000 －（雇人費）75,000 ＝ **210,000**（当期純利益）

②の計算　（資産の合計）－（負債・資本の合計）＝（当期純利益）

　　　　　（現金＋普通預金＋機械装置＝1,730,000）－（未払金520,000 ＋資本金1,000,000）＝ **210,000**（当期純利益）

⑽　次期（翌期首）貸借対照表の作成

ポイント☞

◎貸借対照表と損益計算書の次期（翌期首）への影響は，次のとおり整理できます。

◎貸借対照表では，期末の各勘定科目の残高は，それぞれの翌期首の残高（前期繰越高）になります。ただし資本金（元入金），当期純利益，事業主貸・借勘定の各残高については，繰越時，翌年度の新たな資本金（元入金）の額を求める際に，一定の整理（37ページ参照）をします。

◎損益計算書の各勘定科目については，残高の繰り越しは行いません。

期末の貸借対照表から次期（翌期首）の貸借対照表を作成します。

{ 期末の貸借対照表 }　**12月31日** ･･･････････ ▶ { 翌期首の貸借対照表 }　**1月1日**

勘定科目	借　方	貸　方
現　　　金	170,000	
普 通 預 金	140,000	
機 械 装 置	520,000	
未 払 金		520,000
資本金(元入金)		150,000
事 業 主 借※		80,000
事 業 主 貸※	130,000	
当 期 純 利 益		210,000
合　　　計	960,000	960,000

勘定科目	借　方	貸　方
現　　　金	170,000	
普 通 預 金	140,000	
機 械 装 置	520,000	
未 払 金		520,000
資本金(元入金)		310,000
合　　　計	830,000	830,000

※事業主勘定
　個人経営では，会社とは異なり，ほとんどの場合において事業で用いる資金と個人で用いる資金が明確に区分されていないことが多く，常に個人資金の出し入れが伴います。このような場合は事業上の資金と個人資金を区分するため，個人資金については事業主勘定という勘定を用いることになります（65ページで解説）。

翌期首の貸借対照表の$\dfrac{資本金}{(元入金)}$＝期末貸借対照表の$\left(\dfrac{資本金}{(元入金)}＋事業主借＋当期純利益\right)$－（事業主貸）

$310{,}000 ＝ (150{,}000 ＋ 80{,}000 ＋ 210{,}000) － 130{,}000$

以上は，理論的な算式ですが，次の方法でも結果は同じで，むしろ実務的です。

① 期末貸借対照表から資本金（元入金）の額，事業主借の科目と額，事業主貸の科目と額，当期純利益の科目と額を削除する。

② 資産総額－負債総額＝資本金（元入金）の計算で，新しい資本金（元入金）の額を求める。

翌期首の貸借対照表の勘定科目の残高を，新しい年の総勘定元帳に期首残高として，科目名と金額を記入しておきます。月日は1月1日，摘要欄には「前期繰越」と記入します。

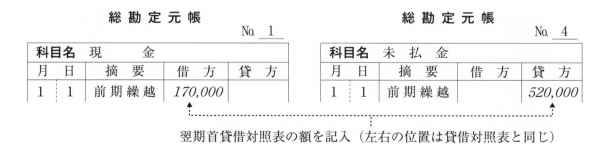

	総 勘 定 元 帳		No. 1

科目名	現　　金		
月　日	摘　要	借　方	貸　方
1　1	前期繰越	170,000	

	総 勘 定 元 帳		No. 4

科目名	未 払 金		
月　日	摘　要	借　方	貸　方
1　1	前期繰越		520,000

翌期首貸借対照表の額を記入（左右の位置は貸借対照表と同じ）

第2章

記帳の実務

Ⅰ. 勘定科目一覧表（例）

【貸借対照表勘定科目】 税務勘定転記先は，所得税青色申告決算書の貸借対照表勘定科目

(資産の部)

項目			例示勘定科目	税務勘定転記先	解説・留意事項
資 産	流 動 資 産	当 座 資 産	現　　　　金	現　　　　金	農業経営の現金
			普 通 預 金	普 通 預 金	農業経営の預金（家計取引等含めても可）
			（普 通 預 金 A）	〃	通帳ごとに記帳，補助科目で符号をつける
			（普 通 預 金 B）	〃	〃
			その他の預金	その他の預金	積立金等
			定 期 預 金	定 期 預 金	農業経営の定期預金
			有 価 証 券	有 価 証 券	農業経営所有の有価証券
			貸 付 金	貸 付 金	農業経営の貸付金，家計への貸付金は事業主貸
			売 掛 金	売 掛 金	農産物販売金額の未収金
			未 収 金	未 収 金	農産物販売金額以外の未収金
		棚 卸 資 産	玄　　　　米	農 産 物 等	農産物棚卸高（事業消費用・家事消費用含む）
			麦	〃	〃
			大　　　　豆	〃	〃
			未 収 穫 農 産 物	未収穫農産物等	立毛作物の棚卸高（おおむね種苗費＋肥料費＋薬剤費＋労務費※）
			肉 用 牛	〃	販売用動物の棚卸高（種付費・素畜費＋飼料費＋労務費※）
			肉　　　　豚	〃	〃
			肥　　　　料	肥料その他の貯蔵品	貯蔵品の棚卸高
			飼　　　　料	〃	〃
			農　　　　薬	〃	〃
			燃　　　　料	〃	〃
			諸 材 料	〃	〃
			育 成 樹	未成熟の果樹・育成中の牛馬等	果樹育成費用（種苗費＋肥料費＋薬剤費＋労務費※）の累計額。成熟樹齢に達した時点で固定資産に振替。
			未成熟ほだ木	〃	しいたけほだ木の育成費用（ほだ木取得費＋種苗費＋労務費※）の累計額しいたけ採取時点で固定資産に振替。
			育 成 牛（豚）	〃	乳牛・肉用繁殖牛・繁殖豚の育成費用（種付費・素畜費＋飼料費＋労務費※）の累計額。成熟年齢に達した時点で固定資産に振替。
		その他	前 払 金	前 払 金	費用，資産購入等の代金の前払金
			仮 払 消 費 税	（余 白 利 用）	税抜経理方式による場合の課税仕入れ対価消費税
	固 定 資 産	有形固定資産	建　　　　物	建物・構築物	農業経営用建物の未償却残高（家計兼用のものも含む）
			構 築 物	〃	農業経営用建物以外の施設等の未償却残高
			機 械 装 置	農 機 具 等	農業経営用機械等の未償却残高
			車 両 運 搬 具	〃	農業経営用車両運搬具の未償却残高（家計兼用のものも含む）
			器 具 備 品	〃	農業経営用器具備品の未償却残高（家計兼用のものも含む）
			果　　　　樹	果樹・牛馬等	果樹の未償却残高
			ほ だ 木	〃	しいたけほだ木の未償却残高
			乳　　　　牛	〃	搾乳牛の未償却残高
			繁 殖 牛	〃	肉用繁殖牛の未償却残高
			繁 殖 豚	〃	繁殖豚の未償却残高
			土　　　　地	土　　　　地	農業経営用農地・宅地等の固定資産税評価額。購入土地の場合は購入額。住居及び生計を一にする親族名義の土地を経営で使用の場合も計上。
			建 設 仮	（余 白 利 用）	建設建物の前渡金。完成時に固定資産に振替。
		投資等	出 資 金	（余 白 利 用）	農協への出資金等
			経営保険積立金	（余 白 利 用）	農業経営収入保険，経営所得安定対策の積立金等
		繰延資産	客　　　　土	（余 白 利 用）	客土の費用（客土の効果の及ぶ期間で償却）
			花 木 親 株	（余 白 利 用）	バラ等親株の取得費用（収益の発生期間に配分して償却）
			開 業 費	（余 白 利 用）	独立（または法人化）前までの開業に向けた特別に必要な費用

(注) ※明らかに区分できる労務費

【貸借対照表勘定科目】 税務勘定転記先は，所得税青色申告決算書の貸借対照表勘定科目

(負債・資本の部)

項目		例示勘定科目	税務勘定転記先	解説・留意事項
負債	流動負債	買　掛　金	買　掛　金	直接生産に用いる原材料等の購入代金の未払金
		未　払　金	未　払　金	買掛金以外の未払金
		前　受　金	前　受　金	生産物の販売を前提にした予約金等
		預　り　金	預　り　金	専従者給与等の源泉所得税の預り金等
		営　農　借　越	（余　白　利　用）	農協口座の買掛高（借越契約が必要）
		短　期　借　入　金	借　入　金	返済期間1年以内の借入金
		農業経営基盤強化準備金	（余　白　利　用）	農業経営基盤強化準備金繰入（積立）額
		貸　倒　引　当　金	貸　倒　引　当　金	売掛金等の回収不能に備えた一定比率の積立金
		仮　受　消　費　税	（余　白　利　用）	税抜経理方式による場合の課税売上高消費税
	固定負債	長　期　借　入　金	借　入　金	返済期間1年超の借入金
資本		資　本　金	元　入　金	純資産額。資産－負債＝資本金
		事　業　主　借	事　業　主　借	家計からの繰入，農業所得以外の所得にかかる収入等 資本のプラスとなる 開始残高は記入不要（資本金に加算済み）
		▲　事　業　主　貸	事　業　主　貸	家計費，家計への貸出，農業所得以外の所得にかかる支出等 資本のマイナスとなる 開始残高は記入不要（資本金に加算済み）

(注) 事業主借・事業主貸勘定について，家計とのやりとりと農業所得以外の収入・支出を，下記のように補助科目を設定すると，家計と経営との分離や，確定申告の際便利になります。
なお，農業経営の預貯金，現金に絡まない場合は，この補助科目の設定は不要です。

項目	例示勘定科目	税務勘定転記先	解説・留意事項
資本	事　業　主　借　A	事　業　主　借	家計からの繰入等　資本のプラス　開始残高は記入不要
	事　業　主　借　B	〃	譲渡所得収入　　　　〃　　　　　　〃
	事　業　主　借　C	〃	不動産所得収入　　　〃　　　　　　〃
	事　業　主　借　D	〃	一時所得収入　　　　〃　　　　　　〃
	事　業　主　借　E	〃	雑所得収入　　　　　〃　　　　　　〃
	事　業　主　借　F	〃	その他の収入　　　　〃　　　　　　〃
	▲事　業　主　貸　A	事　業　主　貸	家計費支出，貸出等　資本のマイナス　開始残高は記入不要
	▲事　業　主　貸　B	〃	譲渡所得費用　　　　〃　　　　　　〃
	▲事　業　主　貸　C	〃	不動産所得費用　　　〃　　　　　　〃
	▲事　業　主　貸　D	〃	一時所得費用　　　　〃　　　　　　〃
	▲事　業　主　貸　E	〃	雑所得費用　　　　　〃　　　　　　〃
	▲事　業　主　貸　F	〃	その他の費用　　　　〃　　　　　　〃

【損益計算書勘定科目】 税務勘定転記先は，所得税青色申告決算書の損益計算書勘定科目

（費用の部）

項目		例示勘定科目	税務勘定転記先	解説・留意事項
費用	売上原価	租税公課	租税公課	固定資産税，都市計画税（農地・建物等，ハウス，農機具），不動産取得税（農地），自動車税（農用，取得税・重量税），印紙税，支払消費税，組合・部会費 《注》所得税，年金保険料，健康保険料等は事業主貸勘定
		種苗費	種苗費	種子・苗の購入費
		素畜費	素畜費	肥育または育成の素牛・素豚やヒナの代金・運賃等，種付料，登録料，預託料（運賃・保険料含む）
		肥料費	肥料費	肥料の購入費，堆肥の原材料費
		飼料費	飼料費	飼料の購入費，自給飼料の原材料費
		農具費	農具費	鎌，草刈機，スコップ等1個または1組の取得価額が10万円未満の農業機械，農具等
		農薬費	農薬・衛生費	農薬・家畜薬品等の購入費，共同防除の負担金
		診療衛生費	〃	獣医の治療代，削蹄料，消毒薬の購入費
		諸材料費	諸材料費	生産に要したビニール，縄，おがくず，土等の購入費 《注》家計用の支出は事業主貸勘定
		修繕費	修繕費	農業機械，車両，建物等の修理費 《注》大修理は資本的支出
		動力光熱費	動力光熱費	水道料，建物・機械・施設・車両等に要した電気料・軽油・ガソリン・重油等代金　《注》家計用の支出は事業主貸勘定
		農業共済掛金	農業共済掛金	水稲・野菜・果樹・機械・温室等の共済掛金，農用車両の保険料・共済掛金，農業収入保険の保険料・事務費、価格安定制度の掛金，農用建物の火災保険料 《注》家計用資産の保険料は事業主貸勘定
		減価償却費	減価償却費	農用建物・構築物・機械・器具備品・生物等固定資産の減価償却費 《注》家計用負担分及び家計用資産の減価償却費は事業主貸勘定
		雇人費	雇人費	雇用労賃及び賄い費・交通費等
		支払利息	利子割引料	借入金利息，手形割引料，債務保証料，当座借越利息
		地代・賃借料	地代・賃借料	農地賃借料，農用土地地代，農用建物家賃，農機具等の使用料金・賃料料金
		土地改良水利費	土地改良費	客土・揚排水施設等の維持管理費・減価償却費 《注》永久資産取得部分は経費不算入（通常1万円/10a未満は全額経費算入）
		作業委託費	（余白利用）	農作業の委託費
		固定資産除却損	（余白利用）	償却中途の固定資産を廃棄等した場合の未償却残高を経費計上 《注》売却・下取りの場合は譲渡所得費用として事業主貸勘定
		専従者給与	専従者給与	農業に従事した専従者の給与・賞与
		農産物以外期首棚卸高	農産物以外期首棚卸高	未収穫農産物，販売用動物，肥料・農薬・諸材料等の棚卸高の費用勘定への振替科目 《注》期末棚卸高は費用の（−）マイナス
		▲農産物以外期末棚卸高	農産物以外期末棚卸高	
		▲育成費用	育成費用	未成熟果樹・育成牛等に投下した費用 《注》育成費用は費用の（−）マイナス
	販売・管理費	荷造運賃手数料	荷造運賃手数料	生産物の販売に要したダンボール・袋・ひも等の代金，ライスセンター・共同選果場の料金，農協・市場等の手数料，運賃，検査料等
		作業用衣料費	作業用衣料費	農作業に必要な衣類・靴・帽子等購入費 《注》家計用支出は事業主貸勘定
		福利厚生費	（余白利用）	従業員の保健衛生・慰安・慶弔などに要した費用
		研修費	（余白利用）	農業に関する各種研修会・先進地視察の負担金
		交際費	（余白利用）	農業に必要な交際費
		事務通信費	（余白利用）	農業に必要な電話料金，新聞・図書代金，事務用品購入費 《注》家計用支出は事業主貸勘定
		固定資産圧縮損	（余白利用）	農業経営基盤強化準備金制度を利用した場合の農用地・特定農用機械等の圧縮記帳による必要経費算入額
		農業経営基盤強化準備金繰入額	（引当金・準備金）（余白利用）	経営所得安定対策等交付金のうち農業経営基盤強化準備金として積立てた金額の経費繰入額
		貸倒引当金繰入額	（引当金・準備金）貸倒引当金	売掛金の回収不能に備えた一定比率での積立金の経費繰入額
		雑費	雑費	上記以外の費用

【損益計算書勘定科目】 税務勘定転記先は，所得税青色申告決算書の損益計算書勘定科目

（収益の部）

項目	例示勘定科目	税務勘定転記先	解説・留意事項
収	○○売上高	販売金額	農畜産物，副産物の販売金額（作目・品種ごと，手数料を引く前の金額）
	雑収入	雑収入	作業受託，価格補填金，作付助成金，受取共済金等農業所得に該当する収入 《注》農業所得に該当する収入以外は事業主借勘定
	家事消費	家事消費・事業消費金額	家事消費，贈答用等の見積金額
	事業消費	〃	労賃・地代等の農産物現物支給分，経営の用に供した農産物
益	農業経営基盤強化準備金繰戻額	（引当金・準備金）（余白利用）	農用地・特定農業用機械等を取得する場合の農業経営基盤強化準備金を取り崩した額
	貸倒引当金繰戻額	（引当金・準備金）貸倒引当金	前期に繰り入れた貸倒引当金の当期の戻入額
	▲農産物期首棚卸高	農産物期首棚卸高	米・麦等農産物の棚卸高の収益勘定への振替科目 《注》期首棚卸高は収益の（－）マイナス
	農産物期末棚卸高	農産物期末棚卸高	

Ⅱ. 期首貸借対照表の作成

　複式簿記の記帳は，1月1日（年の中途で開業，または相続した場合はその日）から始めなければなりません。

　記帳にあたり次のことを調べる必要があります。

　なお，それぞれが，期首における残高となります。

1　資産の部

①　現金や預金の残高

　　前年から繰り越された農業用の手持ち現金の残高（受取小切手含む），農業用に使用している預金通帳それぞれの前年12月末日の残高を調べます。

②　売掛金の残高

　　前年から繰り越された農産物の売掛金（農産物販売の未収金）の残高。

③　前払金の残高

　　農業用品・資産購入等の代金の前払金。

④　前年12月31日現在の棚卸資産の有高

　　次のものを種類別に実地棚卸数量を確かめ，その価額を評価します。

❶　「農産物」の棚卸

　・米，麦，いも類など収穫済のもの。野菜等の生鮮な農産物は棚卸をしません。

　・いも類，果物でその数量が僅少のものは棚卸を省略し，米，麦等の穀類のみとすることができます（課個5−3　平18.1.12）。

　・評価金額は，収穫したときの庭先価格等で計算します。

❷　「農産物以外」の棚卸

　◎　種苗，肥料，飼料，農薬，諸材料などの農業用品

　　・評価金額は，税務署長に「所得税の棚卸資産の評価方法の届出書」を提出している場合はいろいろな評価方法から選択できますが，提出していない場合は「最終仕入原価法」によります。

　　「最終仕入原価法」は，棚卸資産の数量に年末に一番近い時期に仕入れた単価をかけて計算します。

　　・毎年，同程度の数量を翌年へ繰り越す場合は，その棚卸を省略しても差し支えありません（課個5−3　平18.1.12）。

　◎　販売用家畜（肉豚，肉用牛・馬，綿羊など）および家禽類（鶏，アヒルなど）

　　・評価金額は，子畜の買入価額（自家生産の場合は種付費）に年末までの飼料費の合計額です。

・採卵用鶏の場合は，毎年同じ方法で行うことを条件として，棚卸を省略し，購入費・育成費用等をその年分の必要経費とすることができます（昭57直所5－7）。

・家畜および家禽類の棚卸は受入，払出の頭羽数を記録する受払簿が必要です。これによって，年間の飼育延頭数等を出し，育成費（Ⅴ．の7．（105ページ）参照）を計算したうえで，棚卸評価金額を出します。

◎ 未収穫農産物（圃場にある野菜，幼麦，果実，芝，並びに仕立中の果樹，植木，苗木等）

・評価金額は，栽培に要した種苗費，肥料費，農薬費，明らかに区分できる労務費の合計額。

・植木栽培業者が有する植木等（植木，灯籠，石，鉢等）の棚卸資産については，（ア）取得価額が30,000円以上のものは取得価額を評価額とします。（イ）30,000円未満のものは植木等の取得価額と全ての植木等の肥料費，農薬費の合計を仕入等から販売までの平均年数を基として一定の算式により計算した価額とし，（ア），（イ）の合計額を棚卸高とします（昭45直所4－1）。

・毎年，同程度の規模で作付けをするものは，棚卸を省略できます（課個5－3　平18.1.12）。

⑤　減価償却資産の有高

農業の用に供される減価償却資産について，個体，種類別に取得年月日，取得価額（Ⅴ．の6．（93ページ）参照），耐用年数（巻末資料の2．減価償却資産の耐用年数表（抄）（130～133ページ）参照）を調べます。

この後，減価償却費の計算（Ⅴ．の6．（93～104ページ）参照）により，個体ごとの固定資産台帳を作成し（102～103ページ参照）前年12月31日現在の有高を計算します。

対象となるものは，平成11年1月1日より事業の用に供した1個または1組の取得価額が10万円以上のもので，その使用可能年数が1年以上のものです（平成元年4月1日から平成10年12月31日までは20万円以上。以前のものは10万円）。

土地および土地の上に存する権利は，消耗しない資産なので減価償却の対象にはなりません。

ⓘ　「建物」

畜舎，納屋，作業場，事務室等として使用する住居等

ⓘⓘ　「構築物」

ガラス温室，かん水施設，果樹棚，浄化槽，農用井戸等

ⓘⓘⓘ　「機械装置」

トラクター，耕耘整地用機，栽培管理用機，防除用機，収穫調製用機，農産物加工用機，家畜飼養管理用機，精米機等

ⓘⓥ　「車両運搬具」

貨物自動車，トレーラー，モノレールカー等

ⓥ　「器具備品」

しいたけほだ木，ビニールハウス等

Ⅵ 「生物」（育成中のものは除く）

  経産牛，繁殖牛，繁殖豚，果樹等

⑥ その他

 ❶ 「外部出資金」

  農協等への出資金

 ❷ 「土地価額」

  農業用の土地（田，畑，農業用施設用地等）の価額。原則として，固定資産税評価額とする。

  なお，買い入れた田，畑等については実際の売買価格とし，借入地，貸付地は含みません。

2 負債の部

① 買掛金の残高

  直接生産に用いる原材料等の購入代金の未払金。

② 前受金

  生産物の販売を前提にした予約金等。

③ 農業経営上の借入金の残高

  借入金返済期限1年以内のものを短期借入金，1年超のものを長期借入金とします。

④ 預り金

  青色事業専従者給与等の「源泉所得税の納期の特例制度」を受けている場合の前年7月〜12月分の源泉所得税。

（注）事業主（源泉徴収義務者）は源泉徴収した所得税額を原則的には毎月給与等を支給した翌月の10日までに税務署に納付しなければなりません。

  しかし，給与等の支給を受ける人数が常時10人未満の源泉徴収義務者については，次のように半年分ずつ年2回にまとめて納付できる制度が設けられています。これを「源泉所得税の納期の特例制度」といいます。

  ただし，この特例を活用するためには，所轄税務署長に対し「源泉所得税の納期の特例の承認に関する申請書」を提出して承認を受ける必要があります。

  なお，承認または却下の通知がなければ提出した翌月の徴収から適用になります。

●1月〜6月に支払った給与等から源泉徴収した所得税額……その年の7月10日まで
●7月〜12月に支払った給与等から源泉徴収した所得税額……翌年1月20日まで

Ⅲ. 期中取引の実際例

1. 現金の出し入れ

ポイント

◎ ここでいう現金は**農業経営の現金**であり，**家計用と区分**して管理することが大切です（**家計と経営の財産の分離**をします）。

しかし，家計や個人の現金から借りなければならないときや，反対に家計用に支出するときもあります。このようなときには，**事業主借**（家計から借りた，繰り入れた場合）または**事業主貸**（家計へ貸した，家計費に支出した場合）**勘定**で仕訳します（詳細は65ページ）。

◎ **現金は資産勘定**です。現金を受け入れたときは借方，現金を支払ったときは貸方に仕訳します。

◎ 現金勘定の残高は実際の現金の残高と一致します（現金の残高に合うように仕訳処理します。決して帳簿残高に現金の残高を合わせないように）。

◎ 現金勘定の残高はマイナス（赤字）になることはありえません。

◎農業経営の現金¥30,000を普通預金Aに預け入れた。

　　　（借）　普 通 預 金 A　　 30,000　　　（貸）　現　　　　金　　 30,000

◎普通預金Aから農業経営用の現金¥100,000を引き出した。

　　　（借）　現　　　　金　　 100,000　　　（貸）　普 通 預 金 A　　 100,000

◎玄米¥50,000を販売し，代金を農業経営の現金で受け取った。

　　　（借）　現　　　　金　　 50,000　　　（貸）　玄 米 売 上 高　　 50,000

◎売掛金¥20,000を農業経営の現金で回収した（受け取った）。

　　　（借）　現　　　　金　　 20,000　　　（貸）　売　 掛　 金　　 20,000

◎肥料¥30,000を購入し，代金を農業経営の現金で支払った。

　　　（借）　肥　 料　 費　　 30,000　　　（貸）　現　　　　金　　 30,000

◎家計費として農業経営の現金¥100,000を妻に渡した。

　　　（借）　事 業 主 貸　　 100,000　　　（貸）　現　　　　金　　 100,000

◎家計から農業経営の現金¥30,000を借りた。

　　　（借）　現　　　　金　　 30,000　　　（貸）　事 業 主 借　　 30,000

◎トラックのガソリン代¥5,000を妻個人（家計費）の現金で支払った。

　　　（借）　動 力 光 熱 費　　 5,000　　　（貸）　事 業 主 借　　 5,000

2. 預金の出し入れ

◎ 預金も現金と同様に家計用とは区分するのが原則です。つまり農業経営専用の通帳をつくり，営農に関する支出や収入は農業経営専用通帳で行うことが記帳，管理をしやすくします。

　　しかし，多くの農家の場合，家計とのやりとりや農業所得以外の入出金も一緒に管理している場合がありますので，この通帳は，農業経営の預金として理解し，家計とのやりとり等は事業主借・事業主貸勘定で仕訳します。

◎ **預金は資産勘定**です。預金を受け入れたときは借方，預金を払い戻した（引き出した）ときは貸方に仕訳します。

◎ 農業経営では，現金・預金の出入りに関係する取引が多いので，次の仕訳が大部分を占めます。

　　《現金・預金が増加する場合》

　　　　（借）現金 or 預金　　　　（貸）① 収益勘定

　　　　　　　　　　　　　　　　　　② 事業主借

　　　　　　　　　　　　　　　　　　③ 負債勘定

　　《現金・預金が減少する場合》

　　　　（借）① 費用勘定　　　　（貸）現金 or 預金

　　　　　② 事業主貸

　　　　　③ 負債勘定

◎ 預金通帳が複数ある場合は，補助科目を付けて管理すると整理しやすくなります。たとえばJAのA口座を普通預金A，銀行のB口座を普通預金B等とします。

◎ 銀行預金のうち，当座預金はいつでも預入・引出ができ，原則として無利息です。引き出す場合には，小切手が使用されます（小切手の振り出し）。

　　この小切手は現金を渡すのと同じ効果になります。小切手の流れは，

　　① 振出人Aと銀行は，当座預金契約をする。

　　② Aは経費の支払いに，Bに小切手を振り出す。

　　③ BはAから受け取った小切手を銀行に持ち込む。

　　④ 銀行はAの当座預金口座から小切手分の現金を引き出し，Bに支払う。

　　　　この時点で，小切手は消滅することになります。

◎いちご¥*50,000* を販売し，代金が普通預金Ｂに入金された。

    （借）　普通預金Ｂ　　　50,000　　　（貸）　いちご売上高　　　50,000

◎農薬¥*20,000* を購入し，代金が普通預金Ａから引き落とされた。

    （借）　農　薬　費　　　20,000　　　（貸）　普通預金Ａ　　　20,000

◎納屋を建設（取得）し，代金¥*3,000,000* を普通預金Ｂから支払った。

    （借）　建　　　物　3,000,000　　　（貸）　普通預金Ｂ　3,000,000

> （注）建設途中で代金の一部を支払った場合の仕訳は「8．償却資産の取得・除
> 却等」の項（60ページ）を参照。

◎買掛金¥*20,000* を普通預金Ａから支払った。

    （借）　買　掛　金　　　20,000　　　（貸）　普通預金Ａ　　　20,000

◎農協から¥*300,000* を借り入れて，普通預金Ｂに入金した（1年以内の返済）。

    （借）　普通預金Ｂ　　　300,000　　　（貸）　短期借入金　　　300,000

◎普通預金Ａから¥*1,000,000* を定期預金に預け替えた。

    （借）　定　期　預　金　1,000,000　　　（貸）　普通預金Ａ　1,000,000

◎家計費として普通預金Ａから¥*100,000* を引き出した。

    （借）　事　業　主　貸　　　100,000　　　（貸）　普通預金Ａ　　　100,000

◎家計から¥*200,000* を借りて，普通預金Ｂに入金した。

    （借）　普通預金Ｂ　　　200,000　　　（貸）　事　業　主　借　　　200,000

3. 農産物等の販売代金の受け入れ

ポイント 👆

◎ 所得税務では，穀物や貯蔵性のある農産物について，**収穫基準**が適用されます。収穫基準に基づく仕訳は，売り上げ，家事消費・事業消費として，収益に計上し，残ったものについては決算時に収穫時の価格（庭先価格）で，**農産物期末棚卸高**として収益に計上します（Ⅴ．決算整理仕訳の実際例，2．農産物の家事消費・事業消費の計上（89ページ）参照）。

　なお，野菜等の生鮮品は収穫基準を適用せず，棚卸はしません（課個5-3　平18.1.12）。

◎ 期首に繰り越された農産物（米・麦等）を売り上げた場合は収益として計上します。そして，期首に繰り越された農産物は，決算整理棚卸で，期首帳簿価格を**農産物期首棚卸高**として収益から差し引きます（「同3．農産物（米・麦等）の棚卸」（90ページ）参照）。

◎ 売上代金の勘定科目は「玄米売上高」，「いちご売上高」，「牛乳売上高」など売上内容がわかるようにします。**売上勘定は損益計算書の収益勘定**です。

◎ 農産物売上代金を受け入れたときは貸方に仕訳します。

◎ 相手科目は，現金，普通預金または売掛金（いずれも資産勘定）などとします。

◎ 農産物を農協・市場に出荷する場合，代金は後日精算されます。この場合，本来は売掛金勘定を介して出荷日と精算日に記帳しますが，実務としては「年を越さなければ代金精算日に販売した」とする仕訳をすることもできます。

◎大根￥*10,000* を販売し，代金を現金で受け取った。

　　　（借）現　　　金　　*10,000*　　　（貸）大根売上高　　　*10,000*

◎玄米￥*100,000* を販売し，出荷手数料￥*5,000* が差し引かれ，残りの金額を普通預金Aに入金した。

　　　（借）普通預金A　　*95,000*　　　（貸）玄米売上高　　　*100,000*
　　　　　　荷 造 運 賃
　　　　　　手 数 料　　　*5,000*

パソコン簿記では，次のように仕訳をすることもできます。

　　　（借）普通預金A　　*100,000*　　　（貸）玄米売上高　　　*100,000*
　　　　　　荷 造 運 賃
　　　　　　手 数 料　　　*5,000*　　　　　　普通預金A　　　*5,000*

◎**期首に繰り越した玄米（簿価300円/kg）を400円/kgで100kg現金販売した。**

　　　（借）現　　　金　　*40,000*　　　（貸）玄米売上高　　　*40,000*

◎**期首に繰り越した玄米（簿価300円/kg）を480kg全量家事消費した。**

　　　（借）事 業 主 貸　　*144,000*　　　（貸）家 事 消 費　　　*144,000*

① 期首に繰り越した農産物は，**期首帳簿価額**より高く売れても，安く売れても，売れた価額で
仕訳をします。

② 税務では，期首に繰り越された農産物は，上記のように今期にいったん収益として計上後，
決算整理棚卸で，収益から期首繰越帳簿残高で差し引きます。

（これは，期首繰越帳簿残高は，前期の収益として計上されているからです）

なお，決算の項（90ページ）も参照してください。

◎借地農地の賃借料を現物（玄米¥*10,000* 相当）で支払った。

| （借） | 地代・賃借料 | *10,000* | （貸） | 事 業 消 費 | *10,000* |

（注）所得税では，種籾などを事業用に消費した場合は，その事業消費金額を収
入金額に，同額を必要経費に算入します。

消費税では，事業消費はみなし譲渡に該当しないことから，不課税取引と
なります。ただし，地代，人件費等を農産物で支払う場合は，課税売上に該
当します。

◎乳牛の廃牛（未償却残高¥*1*）¥*100,000* を販売し，出荷手数料¥*10,000* が差し引かれ残りの金額
が普通預金Aに入金した。

（借）	普 通 預 金 A	*90,000*	（貸）	廃牛売上高	*100,000*
	荷 造 運 賃 手 数 料	*10,000*			
（借）	固 定 資 産 除 却 損	*1*	（貸）	乳 牛	*1*

（注）減価償却資産である乳牛の廃牛（乳廃牛）の譲渡（売却）を，営利を目的
として継続的に行っている場合の所得は事業所得（農業所得）となるので，
仕訳は上記のとおりとなる。

ただし，**小規模酪農家**（経産牛の年間平均飼育頭数が12頭以下の副業的酪
農家をいう）や，偶発的な理由により7歳未満の乳廃牛を売却した場合の所得，
肉用牛子取り用雌牛（肉用牛売却所得課税の特例措置は不適用）を売却した
場合の所得は，**譲渡所得**として取り扱われることになっているので，この場合
の仕訳は次のとおりとなる。確定申告のときに譲渡所得として申告する。

（借）	普 通 預 金 A	*90,000*	（貸）	事 業 主 借 _(乳廃牛譲渡収入)	*100,000*
	荷 造 運 賃 手 数 料	*10,000*			
（借）	事 業 主 貸 _(乳廃牛譲渡費用)	*1*	（貸）	乳 牛	*1*

4. 助成金・共済金等の受け入れ

◎ 農作物共済や家畜共済の共済金を受け取ったときは，その内容により農業所得の収入になる場合と，非課税になる場合に分かれます。

> ・農産物や棚卸資産である家畜の「減収分の補償」⇒**農業所得**
>
> ・果樹や償却資産である農機具・家畜の「価値の減少の補填」⇒**非課税**
>
> （なお，損失金額は補填額分を差し引いた金額となります）

◎ 交付金・補助金や共済金が農業所得に該当する場合は，**雑収入**として貸方に計上します。農業所得以外の所得に該当する場合は，事業主借勘定をつかって貸方に計上します。

◎ 農業経営収入保険の保険料等については57，58ページ，補てん金等については87，88ページ参照。

◎**経営所得安定対策交付金￥*150,000* が普通預金Bに入金された。**

（借）	普通預金B	*150,000*	（貸）	雑 収 入 （交 付 金）	*150,000*

> （注）経営所得安定対策交付金は農業所得の雑収入として処理する。

◎**なし園が台風により被害（収益減）を受けたため，果樹共済金（収穫共済金）￥*500,000* を受け取り普通預金Bに入金した。**

（借）	普通預金B	*500,000*	（貸）	雑 収 入 （受取共済金）	*500,000*

> （注）減収分の補償としての果実の共済金は農業所得の雑収入として処理する。

◎**乳牛（未償却残高￥*200,000*）が死亡したため，家畜共済金￥*150,000* を受け取り，普通預金Aに入金した。**

〔乳牛が死亡したとき〕

（借）	事 業 主 貸	*150,000*	（貸）	乳 牛	*200,000*
	固 定 資 産 除 却 損	*50,000*			

〔共済金を受け入れたとき〕

（借）	普通預金A	*150,000*	（貸）	事 業 主 借 （受取共済金）	*150,000*

> （注）この場合の乳牛の最終的な損失金額は，上記のとおり未償却残高から受け取った共済金を差し引いた金額となります。農業機械，樹体，乳牛等固定資産の受取共済金は，非課税となります。

5．その他の収入の受け入れ

ポイント

◎ 農産物や畜産物などの売上代金，助成金・共済金など以外の収入は、基本的に農業所得の雑収入として収益に計上します。

　　ただし，金額が大きくなる場合は具体的に収入の内容がわかるような勘定科目を新たに設定して計上することが必要です。

◎ 雑収入を受け入れたときは貸方に計上します。

◎過年度販売米の精算金￥*50,000* が普通預金Ｂに入金された。

　　　　（借）　普通預金Ｂ　　　*50,000*　　　（貸）　雑　収　入　　　*50,000*
　　　　　　　　　　　　　　　　　　　　　　　　　　　　（米精算金）

◎農協から飼料の購入割戻し金￥*10,000* が普通預金Ａに入金された。

　　　　（借）　普通預金Ａ　　　*10,000*　　　（貸）　雑　収　入　　　*10,000*
　　　　　　　　　　　　　　　　　　　　　　　　　　　　（飼料戻し金）

　　（注）消費税では，飼料費の減額とするため，次の仕訳をする場合があります。

　　（借）　普通預金Ａ　　　*10,000*　　　（貸）　飼　料　費　　　*10,000*

◎消費税の還付金（還付税額￥*10,000*）が普通預金Ａに入金された。

　　　　（借）　普通預金Ａ　　　*10,000*　　　（貸）　雑　収　入　　　*10,000*
　　　　　　　　　　　　　　　　　　　　　　　　　　　　（消費税還付金）

◎普通預金Ｂに預金利息￥*1,000* が入金された。

　　　　（借）　普通預金Ｂ　　　*1,000*　　　（貸）　事　業　主　借　　　*1,000*

　　（注）個人経営では，預金利息は利子所得の扱いとなりますので，事業の収入（収益）には計上しません。上記のように事業主借勘定で処理しておき，確定申告のときに利子所得として申告することになりますが，通常は預金利息に係る所得税は源泉徴収されているので申告する必要はありません。

6. 費用の支払い

◎ 農産物や畜産物などを生産するための資材購入費および販売管理費等を費用（経費）に計上します。

農産物以外（肥料・飼料・農薬等の生産資材を購入した場合，資産を取得したとする仕訳と費用に計上する仕訳がありますが，費用に計上する仕訳が実務的です（「Ⅴ．決算整理仕訳の実際例，4．農産物以外（肥料・農薬等の生産資材）の棚卸」（91ページ）参照）。

◎ 10万円以上で，かつ1年以上使用可能な農機具等は取得時は固定資産の増として仕訳し，決算時に減価償却により耐用年数に応じた部分を資産の減に対する減価償却費として費用に計上します（「同6．減価償却費の計上」（93ページ）を参照）。

◎ 費用が発生したときは借方に仕訳します。

◎ 農協等から肥料・農薬等を購入した場合，後日精算されます。この場合，買掛金勘定を介して購入日と精算日に記帳するのが原則ですが，実務では年を越さなければ，代金精算日に購入したとして記帳することもできます。

◎肥料￥*10,000* を購入し，代金を現金で支払った。

　　　（借）　肥　料　費　　　*10,000*　　　（貸）　現　　　金　　　*10,000*

◎農薬￥*10,000* を購入し，代金を普通預金Aから支払った。

　　　（借）　農　薬　費　　　*10,000*　　　（貸）　普通預金A　　　*10,000*

◎飼料￥*10,000* を購入し，代金を後日払いとした。

　　　（借）　飼　料　費　　　*10,000*　　　（貸）　買　掛　金　　　*10,000*

後日，この買掛金が普通預金Aから精算され，引き落とされた。

　　　（借）　買　掛　金　　　*10,000*　　　（貸）　普通預金A　　　*10,000*

◎肥料￥*100,000* を購入し，代金を普通預金Bから支払った。しかし，普通預金には￥*60,000* の残高しかなく，￥*40,000* の借越（マイナスの残高）となった。

　　　（借）　肥　料　費　　　*100,000*　　　（貸）　普通預金B　　　*60,000*
　　　　　　　　　　　　　　　　　　　　　　　　　　営　農　借　越　　*40,000*

（注）なお，営農借越勘定を用いずに，実務では普通預金勘定でそのまま仕訳してしまうこともありますが，通帳上は－（マイナス）残高となり，その額は負債であることを理解します（後日，負債金額に見合う支払利息が引き落とされます）。

　　　（借）　肥　料　費　　　*100,000*　　　（貸）　普通預金B　　　*100,000*

54 || 第2章　記帳の実務

◎パートさんに賃金￥*10,000* を現金で支払った。（ここでは、源泉所得税の控除は省略）

     （借）　雇　人　費　　　*10,000*　　　　（貸）　現　　　　金　　　*10,000*

◎借地農地の賃借料￥*10,000* を現金で支払った。

     （借）　地代・賃借料　　　*10,000*　　　　（貸）　現　　　　金　　　*10,000*

◎農作物共済の掛金￥*10,000* を普通預金Ａから支払った。

     （借）　農業共済掛金　　　*10,000*　　　　（貸）　普通預金Ａ　　　*10,000*

◎農業用納屋の固定資産税￥*10,000* を現金で支払った。

     （借）　租　税　公　課　　　*10,000*　　　　（貸）　現　　　　金　　　*10,000*

◎牛乳￥*100,000* を販売し，代金から出荷手数料￥*1,000* が控除され残金を普通預金Ａに入金した。

     （借）　普通預金Ａ　　　*99,000*　　　　（貸）　牛乳売上高　　　*100,000*
         荷造運賃
         手　数　料　　　*1,000*

◎後継者に専従者給与￥*150,000* を普通預金Ａから支払った。ただしその際，源泉所得税￥*2,980* を控除した（専従者給与を支払い，源泉税を預かり，普通預金Ａに入金したと理解する）。

     （借）　専従者給与　　　*150,000*　　　　（貸）　普通預金Ａ　　　*150,000*
     （借）　普通預金Ａ　　　*2,980*　　　　（貸）　預　り　金　　　*2,980*
                             （源泉所得税）

まとめると次の仕訳になる。

     （借）　専従者給与　　　*150,000*　　　　（貸）　普通預金Ａ　　　*147,020*
                                    預　り　金　　　*2,980*
                                    （源泉所得税）

（注）預かっておいた源泉所得税を税務署に支払うときの仕訳は「10.借入金・預り金等の受け入れ・返済」の項（67ページ）を参照。

◎長期借入金の利息￥*10,000* を，元金￥*100,000* とともに現金で返済した。

     （借）　長期借入金　　　*100,000*　　　　（貸）　現　　　　金　　　*110,000*
         支　払　利　息　　　*10,000*

◎噴霧器を購入し，代金￥*50,000* を現金で支払った。

     （借）　農　具　費　　　*50,000*　　　　（貸）　現　　　　金　　　*50,000*

◎**管理機¥*150,000* を購入し，代金を普通預金Bから支払った。**

　　（借）　機 械 装 置　　*150,000*　　　（貸）　普 通 預 金 B　　*150,000*

　　（注）①　取得した資産の価額が1個または1組で*10万円*以上（平成元年4月
　　　　　　1日から平成10年12月31日までの間に取得したものは*20万円*以上）で，
　　　　　　かつ1年以上使用可能な場合は，取得時に資産に計上し（費用に計上し
　　　　　　ない），減価償却により耐用年数に応じて費用に計上します（＝「費用の
　　　　　　繰り延べ」ともいう）。
　　　　　②　減価償却費については「Ⅴ．決算整理仕訳の実際例，6．減価償却費
　　　　　　の計上」（93ページ）を参照。

◎**コンバインの修理代¥*10,000* を現金で支払った。**

　　（借）　修 　 繕 　 費　　*10,000*　　　（貸）　現 　 　 　 金　　*10,000*

◎**取得価額*1,000*万円（未償却残高500万円）の建物の屋根の修繕費に¥*800,000*かけ，普通預金Aか
ら支払った。**

　　（借）　修 　 繕 　 費　　*800,000*　　　（貸）　普 通 預 金 A　　*800,000*

　　（注）固定資産の修繕（改良）等にかかった費用は，一概に修繕費として計上で
　　　　きない場合があるので注意が必要です。
　　　　　修繕費として計上できるのは基本的に，「支出金額が20万円未満」または「お
　　　　おむね3年以内の周期で同程度に行われる修理や改良の費用」の場合とされ
　　　　ています。
　　　　　なお，形式基準により①「支出した金額が60万円未満」，②「その金額が修
　　　　理，改良等に係る固定資産の前年末における取得金額の概ね10％以下」の場
　　　　合は修繕費にできます。
　　　　　修繕費に該当しない場合は固定資産の取得（**資本的支出**）（60ページ参照，
　　　　100ページ詳細説明）として計上し，その後，減価償却費で費用に計上してい
　　　　くことになります。

◎**土地改良事業に係る受益者負担金￥*80,000*（面積100アール）を普通預金Ａから支払った。**

　　　（借）　土地改良費　　　　*80,000*　　　　（貸）　普通預金Ａ　　　*80,000*

> （注）土地改良事業に係る受益者負担金のうち必要経費に算入できるのは，道路・
> 　　水路等の取得に係る繰延資産取得費対応部分（償却費）および維持管理費相
> 　　当部分であり，農用地の整地・造成等に係る永久資産取得費対応部分は算入
> 　　できないこととされています。
>
> 　　ただし，負担金が10アールあたり1万円未満の場合には，上記の区分を省
> 　　略して，受益者が支出した負担金の全額をその年の必要経費に算入してもよ
> 　　いこととされています。

◎**収入保険に加入し、保険料￥*78,000*・事務費￥*22,320*・積立金￥*225,000* を一括払いで保険期間開始前に、普通預金 Ａ から支払った。**

（設例1）基準収入1,000万円。　保険方式：補償限度80％及び

　　　　　積立方式：補償幅10％、両方式の支払率90％を選択

12/20　（借）　前　払　金　　　*100,320*　　　　（貸）　普通預金Ａ　　　*325,320*
　　　　　　　経 営 保 険
　　　　　　　積 立 金　　　　*225,000*

1／1　（借）　農業共済掛金　　*100,320*　　　　（貸）　前　払　金　　　*100,320*

（注）1．2019年1月から始まった農業経営収入保険では、青色申告を5年間継続していることを基本（加入申請時に1年分あれば加入可能）とし、青色申告の実績による保険方式の補償限度、積立方式の補償幅及び両方式の支払率で複数の選択肢が設定されています。

　　　過去5年間の平均収入（5中5）を基本として基準収入を設定し（規模拡大、収入上昇特例あり）、「掛捨ての保険方式（保険金）」と掛捨てとならない積立方式（特約補てん金）」の組合せで、保険期間の収入が基準収入の9割（5年以上の青色申告実績の補てん限度額の上限）を下回った場合に、下回った額の9割（支払率）を上限に補てんされます。

　　2．保険料率は1.080％から危険段階別に21段階に設定されています。

　　　保険料は50％、積立金は75％の国庫補助があります。

　　保険料、事務費、積立金は保険期間開始前（個人は12月）の一括払いが原則です。保険料、事務費は保険期間の必要経費となります（設例1の仕訳参照）。

　　なお、継続適用を条件に支払った日の属する年分の経費とする特例があります。

　　保険料、積立金は9回までの分割払い（事務費は一括払い）ができ、多くの農業者は9回（12月～8月まで）を選択しています。

（設例2）**保険料¥8,672（¥78,000の1/9　※1）・事務費¥22,320（一括）**

・積立金¥25,000（¥225,000の1/9　1年目※2）

12／20（借）	前 払 金	30,992	（貸）	普通預金A	55,992
	経 営 保 険 積 立 金	25,000			

1／1（借）	農業共済掛金	30,992	（貸）	前 払 金	30,992

1月分として

1／20（借）	農業共済掛金	8,666	（貸）	普通預金A	33,666
	経 営 保 険 積 立 金	25,000			

（注）※1　保険料は1回目に差額調整されます。

　　　※2　2年目以降、積立金は原則分割払いはなく8月に調整されます。

7．売掛金・買掛金／未収金・未払金

◎　農産物や畜産物などの売上代金を後日回収するときは**売掛金**で，また肥料や農薬などの生産資材の代金を後日支払うときは**買掛金**で仕訳します。売掛金は資産勘定，買掛金は負債勘定です。

◎　一方，農産物売上以外の収入を後日回収する場合は**未収金**で仕訳し，生産資材以外のもの（たとえば農機具など）の購入代金や販売手数料などの費用を後日支払う場合は**未払金**で仕訳します。未収金は資産勘定，未払金は負債勘定です。

◎　売掛金・買掛金は取引先が数口になる場合は補助科目を設けて管理すると整理しやすくなります。たとえば取引先Aを売掛金A，取引先Bを売掛金B等とします。

◎いちご¥20,000を販売し，代金は後日入金とした。

（借）売　掛　金　　　20,000　　　（貸）いちご売上高　　　20,000

◎売掛金¥20,000を現金で回収した（受け取った）。

（借）現　　　　金　　　20,000　　　（貸）売　掛　金　　　20,000

◎子牛¥100,000を購入し，代金を後日払いとした。

（借）素　畜　費　　　100,000　　　（貸）未　払　金　　　100,000

◎未払金¥100,000を普通預金Aから支払った。

（借）未　払　金　　　100,000　　　（貸）普通預金A　　　100,000

◎トラクター¥2,000,000を購入し，代金を後日払いとした。

（借）機　械　装　置　2,000,000　　　（貸）未　払　金　2,000,000

◎当農場は，○○銀行と当座預金契約を結び，現金¥400,000を預け入れた。

（借）当　座　預　金　　　400,000　　　（貸）現　　　　金　　　400,000

◎当農場は，△△商店への買掛金¥100,000を払うために小切手を振り出した。

（借）買　掛　金　　　100,000　　　（貸）当　座　預　金　　　100,000

◎当農場は，××商店から売掛金代金として，××商店振り出しの小切手¥150,000を受け取り，当座預金とした。

（借）当　座　預　金　　　150,000　　　（貸）売　掛　金　　　150,000

8. 償却資産の取得・除却等

ポイント 👆

◎ 取得価額が10万円（消費税込の価額（税込経理方式の場合）。平成元年4月1日から平成10年12月31日までに取得したものは20万円）以上の農機具，車両，建物などの資産（償却資産）を取得（購入）したときは，費用ではなく資産の増として計上します。償却資産は減価償却により耐用年数に応じた部分を，資産の減に対する減価償却費として費用に計上することになります（「Ⅴ．決算整理仕訳の実際例，6．減価償却費の計上」（93ページ）参照）。

◎ 償却資産を取得したときは借方に計上します。相手科目は，現金，普通預金（いずれも資産勘定）または未払金（負債勘定）などとなります。

◎ 償却資産を廃棄（除却）したときは，**固定資産除却損**として費用に計上します。

◎ 償却資産を修理，改良等したときの費用は，その状況により修繕費または資本的支出のいずれになるか判断して仕訳します（56ページ，100ページ参照）。

◎トラクター¥*1,000,000* を購入し，代金を現金で支払った。

	（借）	機械装置	*1,000,000*	（貸）	現　金	*1,000,000*

◎トラクター（**未償却残高¥*50,000***）を廃棄した。

	（借）	固定資産除却損	*50,000*	（貸）	機械装置	*50,000*

◎新しいトラクター（¥*2,500,000*）を取得する際，現トラクター（**未償却残高¥*300,000***）を¥*400,000* で下取りしてもらい，**差額代金¥*2,100,000* を普通預金Bから支払った。**

	（借）	機械装置	*2,500,000*	（貸）	普通預金B	*2,100,000*
					事業主借	*400,000*
					（トラクター譲渡収入）	
	（借）	事業主貸	*300,000*	（貸）	機械装置	*300,000*
		（トラクター譲渡費用：除却損）				

> （注）上記の場合，現トラクターは下取りで譲渡損益*10*万円の益となりますが，機械装置のような固定資産の譲渡による所得は農業所得（事業所得）ではなく，**譲渡所得**として申告することになっているので，固定資産の譲渡による勘定科目は事業主勘定（譲渡費用は事業主貸，譲渡収入は事業主借）で処理しておき，確定申告書の所定の欄に記載し申告することになります。
>
> なお，新しいトラクターは*250*万円であり，支払った*210*万円を取得価額として減価償却しないように留意します。

◎倉庫¥3,000,000を建築し，代金を普通預金Aから支払った。

    （借）　建　　　物　　3,000,000　　　　（貸）　普通預金A　　3,000,000

◎倉庫（本体の取得価額¥3,000,000）を改修し，改修代¥1,000,000を普通預金Aから支払った。

> この場合は，修繕費にできる形式基準を上回っているため，修繕費としないで資本的
> 支出（建物の取得）として次のように仕訳します。減価償却費の計算方法は「V.
> 決算整理仕訳の実際例，6．減価償却費の計上」（93ページ）を参照。

    （借）　建　　　物　　1,000,000　　　　（貸）　普通預金A　　1,000,000

◎建設途中の倉庫の建設費用の一部¥1,000,000を普通預金Aから支払った。

    （借）　建　設　仮　　1,000,000　　　　（貸）　普通預金A　　1,000,000

> 倉庫が完成（取得）した時点での仕訳は次のとおり。
> （建設仮勘定を建物勘定に振り替える）
>
> （借）　建　　　物　　1,000,000　　　　（貸）　建　設　仮　　1,000,000

ポイント

　償却資産を廃棄処分にしたり取りこわしたときは，除却した資産の帳簿残高と取りこわし，片づけ費用が必要経費となります。

◎納屋（未償却残高¥190,000）を取りこわし，片づけ費用¥38,000を現金で支払った。

    （借）　固定資産除却損　　190,000　　　（貸）　建　　　物　　190,000
    （借）　雑　　　費　　　 38,000　　　（貸）　現　　　金　　 38,000

または

    （借）　固定資産除却損　　228,000　　　（貸）　建　　　物　　190,000
                                現　　　金　　 38,000

◎倉庫（取得費￥5,000,000）を建てたが，その建設費用の一部（￥2,000,000）を国の補助金で賄い，残額（￥3,000,000）を普通預金Bから支払った。

〔建物の完成時〕

| （借） | 建 物 | 5,000,000 | （貸） | 普通預金B | 5,000,000 |

〔建物完成後に補助金を受入れた時〕

| （借） | 普通預金B | 2,000,000 | （貸） | 事 業 主 借 | 2,000,000 |
| （借） | 事 業 主 貸 | 2,000,000 | （貸） | 建 物 | 2,000,000 |

ポイント👉

※個人の場合は，「固定資産の取得又は改良に充てるため国庫補助金等の交付を受け，その年において，その交付の目的に適合した固定資産の取得又は改良をした場合には，国庫補助金等のうち，固定資産の取得又は改良に充てた部分の金額に相当する金額は，各種所得の金額の計算上総収入金額に算入しない」こととされています（所得税法第42条第1項，第2項）。

※（注1）**個人の場合**は上記のとおり，補助金収入は収益に計上しないで，補助金収入相当分について取得資産（この場合は建物）の取得価額から減額します。

（注2）補助金受入時期が建物の完成（代金の支払い）時期より早かったときは，次の仕訳となります。

〔補助金受入時〕

| （借） | 普通預金B | 2,000,000 | （貸） | 事 業 主 借 | 2,000,000 |

〔建物の完成時〕

| （借） | 建 物 | 5,000,000 | （貸） | 普通預金B | 5,000,000 |
| （借） | 事 業 主 貸 | 2,000,000 | （貸） | 建 物 | 2,000,000 |

※（注3）**法人の場合**は下記のとおり，補助金収入は収益として計上し，同額を圧縮損として費用計上し，取得資産（この場合は建物）の取得価額から減額します。

〔建物の完成時〕

| （借） | 建 物 | 5,000,000 | （貸） | 普通預金B | 5,000,000 |

〔建物完成後に補助金を受け入れた時〕

| （借） | 普通預金B | 2,000,000 | （貸） | 補助金収入 | 2,000,000 |
| （借） | 固定資産圧縮損 | 2,000,000 | （貸） | 建 物 | 2,000,000 |

◎ 「リース取引」とは、JA等から施設・機械等の資産を借りることです。

　リース取引を行う借り手側のメリットは，月額の賃借料さえ支払い続ければその資産を購入したものと何ら変わりなく使い続けることが可能であり、取得資金を調達する必要はありません。

◎ リース取引には「ファイナンス・リース取引」と「オペレーティング・リース取引」があります。

・ファイナンス・リース取引：売買と同視できる取引で、会計上の実態は単に代金を分割払いしているものとみなされる取引です。リース開始時にリース資産として資産に計上します。計上する金額は見積購入価額やリース料総額などから算定し，決算時には減価償却費を計上します。

　なお，ファイナンス・リース取引は，リース物件の所有権が借り手に移転する「所有権移転ファイナンス・リース取引」と、それ以外の「所有権移転外ファイナンス・リース取引」に分かれます。

・オペレーティング・リース取引：賃借と同視できるリース取引です。借り手が支払ったリース料は全額賃借料として経費となり，資産には計上しません。

◎所有権移転ファイナンス・リース取引（借り手にリース物件が移転）

設例：貸し手の購入価額¥5,000,000，リース支払総額¥6,000,000 ［＠120,000（元本償還¥100,000，支払利息¥20,000）×50ヶ月］

（リース開始時）現金等で購入した時と同じ金額で計上します。

| （借）リース資産 | 5,000,000 | （貸）リース債務 | 5,000,000 |

（リース料支払時）

| （借）リース債務 | 100,000 | （貸）普通預金A | 120,000 |
| 　　　支払利息 | 20,000 | | |

（決算時）資産計上されたリース資産の耐用年数により通常の減価償却費の計算方法によります。設例では定額法，7年（償却率0.143），直接法で償却するものとします。

| （借）減価償却費 | 715,000 | （貸）リース資産 | 715,000 |

◎所有権移転外ファイナンス・リース取引（借り手にリース物件が移転しない）

設例は同じ

（リース開始時），（リース料支払時）の仕訳は同じ

（決算時）「リース期間定額法」という専用の償却方法で、リース期間で月数按分して、その年の減価償却費を計算します。

　　リース資産 *5,000,000*[※]÷リース期間50ヶ月×月数（12ヶ月）＝ *1,200,000*

　　　　（借）　減価償却費　*1,200,000*　　　　（貸）　リース資産　*1,200,000*

　　　※平成20年４月１日以降の契約分については，「残価保証額」が取り決められている場合はリース資産¥*5,000,000* から「残価保証額」を差し引いた残額が基礎額になります。

◎オペレーティング・リース取引

設例：貸し手の購入価額 *5,000,000*，リース支払総額 *6,000,000*（＠ *120,000* ×50回）

（リース開始時）仕訳なし

（リース料支払時）

　　　　（借）　リース料　　*120,000*　　　　（貸）　普通預金Ａ　　*120,000*

（決算時）仕訳なし

9．事業主貸と事業主借

◎　農業経営に係る取引と家計に係る取引とは分離して記帳することが原則ですが，現実的には農業経営と家計との間のやり取りは避けられません。農業経営と家計との間のやり取りは事業主勘定を使って仕訳します。

◎　**事業主勘定は資本勘定**です。

　　たとえば農業経営の現金を家計用としたときは，現金（資産）の減少に対応して借方に「**事業主貸**」と仕訳します（家計に貸した＝資本の流失）。

　　反対に，家計から現金を借りた（繰り入れた）ときは，現金（資産）の増加に対応して貸方に「**事業主借**」と仕訳します（家計から借りた＝資本の流入）。

◎　**農業所得以外の収益**を「農外収入」とせずに「**事業主借**」，**その所得に係る費用**を「農外支出」とせずに「**事業主貸**」として仕訳しておくと，確定申告の際便利です。

◎　事業主勘定は，補助科目をつけておくと便利です。たとえば，家計とのやりとりは事業主借Ａ・事業主貸Ａ，不動産所得に係る勘定科目は事業主借Ｂ・事業主貸Ｂ，譲渡所得にかかる勘定科目は事業主借Ｃ・事業主貸Ｃとします。

◎　生命保険や自宅の建物共済掛金，農業者年金・国民年金・健康保険の保険料は申告では控除になりますが，農業経営の費用ではありませんので事業主貸となります。

◎　農業経営と家計の現金・預金の区分がしっかりしていないと，とくに現金残高を－（マイナス）にしてしまう人がいます。現金残高は0円までにはなっても－（マイナス）にはなりません。これは家計・個人の現金で支払っている場合でも，農業経営の現金で支払っていると仕訳しているためです。

◎　事業主貸及び事業主借の仕訳を十分に理解し，農業経営と家計の分離を行って下さい。

「事業主貸」と「事業主借」のイメージ

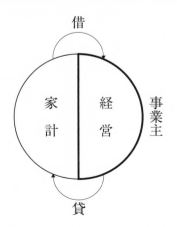

◎家計費として普通預金Aから￥100,000を引き出した。

    （借）　事業主貸　　　100,000　　　　　（貸）　普通預金A　　　100,000

◎新聞代（一般紙）が普通預金Aから￥3,600が引き落とされた。

    （借）　事業主貸　　　　3,600　　　　　（貸）　普通預金A　　　　3,600

◎家事用の灯油代￥10,000を現金で支払った。

    （借）　事業主貸　　　10,000　　　　　（貸）　現　　　金　　　10,000

◎肥料￥10,000を購入した際，個人の現金で支払った（家計の方で立て替えた）。

    （借）　肥　料　費　　　10,000　　　　　（貸）　事業主借　　　10,000

◎今月の電気代￥15,000が，普通預金Bから引き落とされたが，家計用が￥10,000で，農業用が￥5,000だった（支払い時に経営と家計用を区分して，記帳する場合）。

    （借）　動力光熱費　　　5,000　　　　　（貸）　普通預金B　　　15,000
          　事業主貸　　　10,000

◎畑の賃貸料￥15,000（不動産所得）が，普通預金Aに入金された。

    （借）　普通預金A　　　15,000　　　　　（貸）　事業主借　　　15,000

◎預金利息￥1,000（利子所得）が，普通預金Bに入金された。

    （借）　普通預金B　　　1,000　　　　　（貸）　事業主借　　　1,000

◎農業者年金保険料￥181,640が普通預金Bから引き落とされた。

    （借）　事業主貸　　　181,640　　　　　（貸）　普通預金B　　　181,640

◎兼営しているアパート（不動産所得）の修繕費￥60,000を普通預金Bから支払った。

    （借）　事業主貸　　　60,000　　　　　（貸）　普通預金B　　　60,000

◎普通預金Bから，個人の定期預金として￥1,000,000を引き落とした。

    （借）　事業主貸　　　1,000,000　　　　　（貸）　普通預金B　　　1,000,000

◎コンバイン￥2,000,000を購入したが，農業経営の定期預金￥1,000,000では足らなかったので，個人の定期預金￥1,000,000を解約し支払った。

    （借）　機械装置　　　2,000,000　　　　　（貸）　定期預金　　　1,000,000
                        　事業主借　　　1,000,000

10. 借入金・預り金等の受け入れ・返済

◎農協から1年以内での返済契約した借入金¥300,000が普通預金Aに入金された。

(借) 普通預金A　　　300,000　　　(貸) 短期借入金　　　300,000

(注) 勘定科目は返済期限が1年超の場合は**長期借入金**,1年以内の場合は**短期借入金**とするとよい。

◎長期借入金のうち元金¥500,000と利息¥25,000を普通預金Bから返済した。

(借) 長期借入金　　　500,000　　　(貸) 普通預金B　　　525,000

　　支　払　利　息　　　25,000

◎年末にいちごを出荷した(翌年1月の代金精算日に売上高¥100,000及び出荷経費¥11,000が判
明し,前年の12月31日付で次の仕訳をします)。

(借) 売　掛　金　　　100,000　　　(貸) い　ち　ご売　上　高　　　100,000
(借) 荷造運賃手　数　料　　　11,000　　　(貸) 未　払　金　　　11,000

1月に,同上の売掛金が普通預金Aに入金し、未払金を精算した。

(借) 普通預金A　　　89,000　　　(貸) 売　掛　金　　　100,000
　　未　払　金　　　11,000

◎専従者給与に係る6ヶ月分の源泉所得税¥17,880(¥2,980×6)を普通預金Aから税務署に納付
した。

(借) 預　り　金(源泉所得税)　　　17,880　　　(貸) 普通預金A　　　17,880

Ⅳ. 決算手続の説明

1. 決算と決算手続

　農業経営の財政状態と経営成績を明らかにするために，各事業年度末に当該会計期間の**元帳の記録**を整理し，すべての帳簿を締め切って貸借対照表と損益計算書を作成します。このための一連の手続きを「決算」といいます。

　この「決算」には，次の2つの手続きがあります。

(1) 決算予備手続

　① 期中の取引が各帳簿（仕訳帳・元帳など）に正しく記入されているかどうかを検証するために，（決算整理前）試算表を作成します。

　② 残高試算表から貸借対照表・損益計算書を作成するために，棚卸表の作成を踏まえた決算整理を行います。

　その際に必要に応じて精算表を作成します。

(2) 決算本手続

　① 収益・費用の諸勘定を損益勘定に集合して，当期純利益（もしくは当期純損失）を算定して，締め切ります。

　② 資産・負債・資本の諸勘定を次期繰越記入するとともに，繰越試算表を作成して締め切ります。

　③ 仕訳帳の締め切り（第二次締め切り）を行います。

〈決算手続の流れ〉

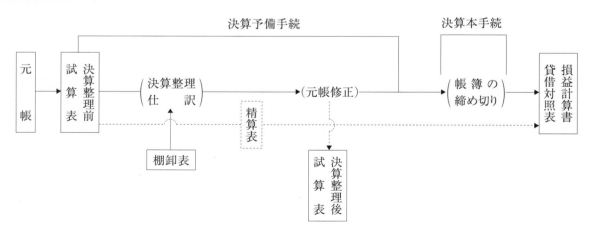

ポイント

　決算本手続は，帳簿に区切りをつける手続きであるため「帳簿決算」とも呼ばれます。しかし，決算本手続は帳簿に区切りをつけるためだけでなく「元帳を締め切る」ときに，当期の純利益または純損失が算定される手続きでもありますので最も重要な手続きです。

２．試算表の作成

（1） 試算表の必要性

決算が何の準備もなしに行われるとどうなるでしょうか？　もし仮に，仕訳帳から元帳への転記ミスがあったら決算の結果も正しいものにはなりません。

そこで必要となるのが，試算表なのです。

試算表とは，元帳の各勘定の残高または合計金額を集めて作成した一覧表をいいます。

合 計 残 高 試 算 表
令和○○年12月31日現在

借方残高	借方合計	勘 定 科 目	貸方合計	貸方残高
900,000	1,300,000	現　　　　　金	400,000	
8,810,000	13,950,000	普 通 預 金	5,140,000	
1,000,000	1,000,000	定 期 預 金		
	1,700,000	売 掛 金	1,700,000	
100,000	100,000	玄　　　　　米		
40,000	40,000	肥　　　　　料		
20,000	20,000	農　　　　　薬		
300,000	300,000	出 資 金		
4,120,250	4,120,250	建　　　　　物		
1,880,000	1,880,000	構 築 物		
4,043,750	4,043,750	機 械 装 置		
485,000	485,000	車 両 運 搬 具		
	100,000	買 掛 金	1,000,000	900,000
	60,000	預り金（源泉税）	110,000	50,000
		未 払 金	1,500,000	1,500,000
		短 期 借 入 金	1,000,000	1,000,000
	1,000,000	長 期 借 入 金	3,000,000	2,000,000
500,000	500,000	事 業 主 貸		
		事 業 主 借	50,000	50,000
		資 本 金	10,329,000	10,329,000
		な し 売 上 高	5,000,000	5,000,000
		玄 米 売 上 高	3,000,000	3,000,000
		白 菜 売 上 高	2,000,000	2,000,000
150,000	150,000	租 税 公 課		
500,000	500,000	肥 料 費		
200,000	200,000	農 薬 費		
80,000	80,000	諸 材 料 費		
50,000	50,000	修 繕 費		
500,000	500,000	動 力 光 熱 費		
50,000	50,000	荷造運賃手数料		
50,000	50,000	支 払 利 息		
20,000	20,000	研 修 費		
30,000	30,000	事 務 通 信 費		
2,000,000	2,000,000	専 従 者 給 与		
25,829,000	34,229,000		34,229,000	25,829,000

(2)　試算表の機能と限界

　試算表には，「**決算本手続を行う準備**」という機能があります。すなわち，決算をできるだけ正確に
行うためには，本番である決算本手続に入る前に，それまでに行った「仕訳帳→元帳転記」に誤りが
なかったかどうかを検算してみる必要があるのです。この検算のために**「決算整理前試算表」**を作成
します。

　ちなみに簿記上では，期中取引の結果，各勘定の借方合計と貸方合計の金額は一致します。仮に各
勘定の借方合計と貸方合計が一致しない場合は，何らかの転記の誤りが考えられます。試算表はこう
した**貸借平均の原理**をもとにして，**仕訳帳→元帳転記の正否を検証する**ことができます。

　このように試算表には自己検証機能がありますが，仮に試算表の貸借合計額が一致していても，次
のような場合は，試算表では誤りが発見できません（試算表の検証機能の限界）。

野菜を¥*20,000* で掛売りした。

（仕訳帳）（借）売　掛　金　　　*20,000*　　　　　　（貸）野菜売上高　　　*20,000*

① 勘定科目を誤って転記した場合

（総勘定元帳）

買　掛　金		野菜売上高	
20,000			*20,000*

② 借方の勘定と貸方の勘定を逆に転記した場合

（総勘定元帳）

売　掛　金		野菜売上高	
	20,000	*20,000*	

③ 一つの取引すべてが記帳漏れになっていた場合

（総勘定元帳）

売　掛　金		野菜売上高	

④ 借方の勘定と貸方の勘定の金額をともに同額を間違えた場合

（総勘定元帳）

売　掛　金		野菜売上高	
200,000			*200,000*

　すなわち，**試算表は貸借平均の原理がはたらきますので，貸借平均の原理に反しない誤りは発見できない**ということです。

Step Up!

　試算表は，作成の時期によって次のように呼ばれます。

① 日　　計　　表……毎日作成される試算表です。

② 週　　計　　表……毎週末に作成される試算表です。

③ 月　　計　　表……毎月末に作成される試算表です。

④ 決算整理前試算表……決算において，棚卸事項による整理記入をする前に作成する試算表です。

⑤ 決算整理後試算表……決算整理事項記入後の元帳記録の正否検証のために作成される試算表です。

⑥ 繰　越　試　算　表……決算において，翌期首日付で元帳に記入された繰越額（前期繰越額）をもって作成される試算表です。

3. 決算整理と棚卸表

(1) 決算整理の意味

　一年の終わりには大掃除が行われます。毎年12月の終わりに各家庭で畳の新調，襖や障子の張り替え・家具の手入れ・戸棚の整理等が行われます。家庭によっては家族総動員で行われることも少なくありません。そうして新しい年への準備が整います。

　同様に，農業経営においても一会計期間（1年）が終了すると当期の業績や保有財産を明らかにするために決算が行われます。**決算において，元帳の各勘定記入が正しい有高と正しい費用・収益の額を示すように元帳の記入を修正・整理する手続きを「決算整理」といい，このために行う仕訳を「決算整理仕訳」といいます。**

(2) 決算整理事項

　決算整理を必要とする事項を「決算整理事項」といい，農業経営では以下の事項を整理します。

> ①期中に算入していない売掛金・未収金に対する収益の計上
> ②期中に算入していない買掛金・未払金に対する費用の計上
> ③農産物の家事消費額や事業消費額の計上
> ④農産物（米・麦等）の棚卸
> ⑤農産物以外（生産資材・販売用動物・未収穫農産物等）の棚卸
> ⑥減価償却費の費用計上
> ⑦牛馬・果樹等の育成費用の計上
> ⑧家事関連費の家計分の按分

(3) 棚卸表の作成

　決算整理事項を一覧表にしたのが棚卸表です。棚卸表に記載された事項にもとづいて**決算整理仕訳**を行います。

〈棚卸表の作成〉

棚　卸　表

令和○○年12月31日　　　　　　　　　　（単位：円）

勘　定　科　目	摘　　要		内　訳	金　額
①売掛金	白菜売上高（12／20〜30）		*500,000*	*500,000*
②未払金	荷造運賃手数料（同上）		*80,000*	*80,000*
③家事消費	玄　米　24袋　@¥5,000		*120,000*	
	野　菜		*30,000*	*150,000*
⑤農産物期末棚卸高	玄　米　24袋　@¥5,000		*120,000*	*120,000*
⑦農産物以外期末棚卸高	肥　料		*50,000*	
	農　薬		*10,000*	*60,000*
⑧減価償却費	建　物	納　屋	*207,000*	
	構築物	ハウス	*360,000*	
	機械装置	コンバイン	*577,500*	
	車両運搬具	軽トラック	*180,000*	*1,324,500*
⑨動力光熱費	電気代	家計分	*30,000*	*30,000*

（注）　この他，④農産物期首棚卸高　玄米20袋×@¥5,000 = 100,000

⑥農産物以外期首棚卸高　肥料¥40,000　農薬¥20,000　計¥60,000 を棚卸整理

します。

（4）　決算整理仕訳（実例はⅤ．決算整理仕訳の実際例（87〜110ページ）参照）

上記棚卸表からの決算整理仕訳は次のとおりです（日付は12月31日です）。

① （借）売　　掛　　金　　*500,000*　　（貸）白　菜　売　上　高　　*500,000*

② （借）荷造運賃手数料　　*80,000*　　（貸）未　　払　　金　　*80,000*

③ （借）事　業　主　貸　　*150,000*　　（貸）家　事　消　費　　*150,000*

④ （借）農　産　物　期　首　棚　　卸　　高　*100,000*　　（貸）玄　　　　米　*100,000*

※（注）期首の農産物棚卸高（玄米）を仕訳・整理します。

⑤ （借）玄　　　　米　*120,000*　　（貸）農　産　物　期　末　棚　　卸　　高　*120,000*

⑥ （借）農　産　物　以　外　期　首　棚　卸　高　*60,000*　　（貸）肥　　　　料　*40,000*

農　　　　薬　*20,000*

※（注）期首の農産物以外棚卸高（肥料・農薬）を仕訳・整理します。

⑦ （借）肥　　　　料　*50,000*　　（貸）農　産　物　以　外　期　末　棚　卸　高　*60,000*

農　　　　薬　*10,000*

⑧　（借）減 価 償 却 費　*1,324,500*　　（貸）建　　　　　物　*207,000*
　　　　　　　　　　　　　　　　　　　　　　構　築　物　*360,000*
　　　　　　　　　　　　　　　　　　　　　　機 械 装 置　*577,500*
　　　　　　　　　　　　　　　　　　　　　　車 両 運 搬 具　*180,000*

⑨　（借）事 業 主 貸　*30,000*　　（貸）動 力 光 熱 費　*30,000*

4. 精算表の作成

(1) 精算表の意味

　決算を行うには，まず棚卸表を作成してそれをもとに決算整理仕訳を行います。さらに，仕訳帳，総勘定元帳を締め切り，最後に貸借対照表・損益計算書を作成する，という一連の手続きが必要になります。これらの手続きを正確に行うにあたって，すべての手続きを一つの表にまとめると便利で正確です。この一覧表のことを「**精算表**」といいます。精算表を作らずにいきなり帳簿上で決算を行うと，計算・記入の誤りや，手続き上の誤りをおかすおそれがあります。

　また，**精算表を作成することによって，決算手続の全体の流れを容易に理解する**ことができます。さらに，**貸借対照表・損益計算書**などの**財務諸表を作成するための資料**としても役立てることができます。

(2) 精算表の形式と作成手順

　精算表は，残高試算表から損益計算書と貸借対照表を作成する過程を，一つの表形式でまとめて示したものです。

〈10けた精算表の形式〉

精　算　表

勘定科目	残高試算表		修 正 記 入		修正後残高試算表		損益計算書		貸借対照表	
	借方	貸方	借方	貸方	借方	貸方	借方	貸方	借方	貸方
資産の勘定	×××		＋	－	×××				×××	
負債の勘定		×××	－	＋		×××				×××
資本の勘定		×××	－	＋		×××				×××
収益の勘定		×××	－	＋		×××		×××		
費用の勘定	×××		＋	－	×××		×××			
当期純利益							×××			×××
	×××	×××	×××	×××	×××	×××	×××	×××	×××	×××

〈10けた精算表の記入方法〉

① 決算整理前の各勘定残高を残高試算表欄に記入します。

② 決算整理仕訳を修正記入欄で行います。なお，勘定科目の追加が必要な場合には，その科目を勘定科目欄に追加記入します。この記入が精算表を作成する上で最も大切な箇所となります。

③ 各勘定科目について，残高試算表欄の金額に修正記入欄の金額を加算・減算して，その金額を修正後残高試算表に記入します。

④ 収益・費用勘定科目の金額を損益計算書欄，資産・負債・資本勘定科目の金額を貸借対照表欄

に記入します。

⑤　損益計算書欄と貸借対照表欄の貸借差額を，「当期純利益（当期純損失)」として金額の少ない
　ほうに記入します。

⑥　各欄の借方・貸方の金額を合計して締め切ります。

精算表

勘定科目	残高試算表 借方	残高試算表 貸方	修正記入 借方	修正記入 貸方	修正後残高試算表 借方	修正後残高試算表 貸方	損益計算書 借方	損益計算書 貸方	貸借対照表 借方	貸借対照表 貸方
現金	900,000				900,000				900,000	
普通預金	8,810,000				8,810,000				8,810,000	
定期預金	1,000,000				1,000,000				1,000,000	
売掛金			① 500,000		500,000				500,000	
玄米	100,000		⑤ 120,000	④ 100,000	120,000				120,000	
肥料	40,000		⑦ 50,000	⑥ 40,000	50,000				50,000	
農薬	20,000		⑦ 10,000	⑥ 20,000	10,000				10,000	
出資金	300,000				300,000				300,000	
建物	4,120,250			⑧ 207,000	3,913,250				3,913,250	
構築物	1,880,000			⑧ 360,000	1,520,000				1,520,000	
機械装置	4,043,750			⑧ 577,500	3,466,250				3,466,250	
車両運搬具	485,000			⑧ 180,000	305,000				305,000	
買掛金		900,000				900,000				900,000
預り金(源泉税)		50,000				50,000				50,000
未払金		1,500,000		② 80,000		1,580,000				1,580,000
短期借入金		1,000,000				1,000,000				1,000,000
長期借入金		2,000,000				2,000,000				2,000,000
事業主借		50,000				50,000				50,000
事業主貸	500,000		③⑨ 180,000		680,000				680,000	
資本金		10,329,000				10,329,000				10,329,000
なし売上高		5,000,000				5,000,000		5,000,000		
玄米売上高		3,000,000				3,000,000		3,000,000		
白米売上高		2,000,000		① 500,000		2,500,000		2,500,000		
租税公課	150,000				150,000		150,000			
肥料費	500,000				500,000		500,000			
農薬費	200,000				200,000		200,000			
諸材料費	80,000				80,000		80,000			
修繕費	50,000				50,000		50,000			
動力光熱費	500,000			⑨ 30,000	470,000		470,000			
荷造運賃手数料	50,000		② 80,000		130,000		130,000			
支払利息	50,000				50,000		50,000			
事務通信費	20,000				20,000		20,000			
研修費	30,000				30,000		30,000			
専従者給与	2,000,000				2,000,000		2,000,000			
	25,829,000	25,829,000								
農産物期首棚卸高			④ 100,000		100,000		100,000			
農産物期末棚卸高				⑤ 120,000		120,000		120,000		
農産物以外期首棚卸高			⑥ 60,000		60,000		60,000			
農産物以外期末棚卸高				⑦ 60,000		60,000		60,000		
減価償却費			⑧ 1,324,500		1,324,500		1,324,500			
家事消費				③ 150,000		150,000		150,000		
			2,424,500	2,424,500	26,739,000	26,739,000				
当期純利益							5,665,500			5,665,500
							10,830,000	10,830,000	21,574,500	21,574,500

(注) ①〜⑨は、73〜74ページの決算整理仕訳を修正記入

5. 帳簿の締め切りと財務諸表の作成

(1) 仕訳帳の締め切り

仕 訳 帳

令和〇年	摘　　要	元丁	借　方	貸　方	
	期 中 仕 訳				
	⋮				
					←第一次締め切り
	決算整理仕訳				
	⋮				
	決算振替仕訳				
					←第二次締め切り

【決算整理仕訳】

〔借　　方〕		〔貸　　方〕	
売　　掛　　金	500,000	白 菜 売 上 高	500,000
荷造運賃手数料	80,000	未　　払　　金	80,000
事　業　主　貸	150,000	家 事 消 費	150,000
農産物期首棚卸高	100,000	玄　　　　　米	100,000
玄　　　　　米	120,000	農産物期末棚卸高	120,000
農 産 物 以 外 期 首 棚 卸 高	60,000	肥　　　　　料	40,000
		農　　　　　薬	20,000
肥　　　　　料	50,000	農 産 物 以 外 期 末 棚 卸 高	60,000
農　　　　　薬	10,000		
減 価 償 却 費	1,324,500	建　　　　　物	207,000
		構　　築　　物	360,000
		機 械 装 置	577,500
		車 両 運 搬 具	180,000
事　業　主　貸	30,000	動 力 光 熱 費	30,000

【決算振替仕訳】

損　益

〔借　方〕			〔貸　方〕	
な し 売 上 高	5,000,000		損　　　　益	10,670,000
玄 米 売 上 高	3,000,000			
白 菜 売 上 高	2,500,000			
家 事 消 費	150,000			
農産物期首棚卸高	− 100,000			
農産物期末棚卸高	120,000			
損　　　　益	5,004,500		租 税 公 課	150,000
			肥 料 費	500,000
			農 薬 費	200,000
			諸 材 料 費	80,000
			修 繕 費	50,000
			動 力 光 熱 費	470,000
			荷造運賃手数料	130,000
			支 払 利 息	50,000
			研 修 費	20,000
			事 務 通 信 費	30,000
			専 従 者 給 与	2,000,000
			減 価 償 却 費	1,324,500
			農 産 物 以 外 期 首 棚 卸 高	60,000
			農 産 物 以 外 期 末 棚 卸 高	− 60,000
損　　　　益	5,665,500		資 本 金	5,665,500

ポイント 👉

・決算の本手続きで行われる仕訳を「**決算整理（振替）仕訳**」といいます。

・「**決算振替仕訳**」は，純損益を計算するために「**損益勘定**」を設け，収益と費用の全てを「**損益勘定**」に振り替えます。

・「**損益勘定**」に集められた収益と費用の残高が純損益を示します。個人の農業経営では，これを「**資本金勘定**」に振り替えます。

（2） 元帳の締め切り

元帳の締め切りは，次のような手順で行います。

① 決算整理仕訳，決算振替仕訳から収益・費用の各勘定を締め切ります。

② 損益勘定を作成します。

③ 資産・負債の各勘定と資本金勘定を締め切ります。

なお，事業主貸勘定・事業主借勘定は資本の－（マイナス）と＋（プラス）の要素であり，その年で完結し，次期繰越高はありませんが，繰越試算表を作成する際は計上します。

④ 資産・負債勘定の次期繰越高を集めた繰越試算表を作成します。

なし売上高

			5,000,000
12/31 損益	5,000,000		
	5,000,000		5,000,000

家事消費

12/31 損益	150,000	12/31 事業主貸	150,000

玄米売上高

			3,000,000
12/31 損益	3,000,000		
	3,000,000		3,000,000

農産物期首棚卸高

12/31 玄米	100,000	12/31 損益	100,000

白菜売上高

			2,000,000
12/31 損益	2,500,000	12/31 売掛金	500,000
	2,500,000		2,500,000

農産物期末棚卸高

12/31 損益	120,000	12/31 玄米	120,000

租税公課

	150,000		
		12/31 損益	150,000
	150,000		150,000

動力光熱費

	500,000	12/31 事業主貸	30,000
		12/31 損益	470,000
	500,000		500,000

肥料費

	500,000		
		12/31 損益	500,000
	500,000		500,000

荷造運賃手数料

	50,000		
12/31 未払金	80,000	12/31 損益	130,000
	130,000		130,000

農 薬 費

	200,000	12/31 損益	200,000
	200,000		200,000

支 払 利 息

	50,000	12/31 損益	50,000
	50,000		50,000

諸 材 料 費

	80,000	12/31 損益	80,000
	80,000		80,000

研 修 費

	20,000	12/31 損益	20,000
	20,000		20,000

修 繕 費

	50,000	12/31 損益	50,000
	50,000		50,000

事 務 通 信 費

	30,000	12/31 損益	30,000
	30,000		30,000

専従者給与

	2,000,000	12/31 損益	2,000,000
	2,000,000		2,000,000

農産物以外期首棚卸高

12/31 諸口	60,000	12/31 損益	60,000

減価償却費

12/31 諸口	1,324,500	12/31 損益	1,324,500
	1,324,500		1,324,500

農産物以外期末棚卸高

12/31 損益	60,000	12/31 諸口	60,000

損 益

〔借　方〕			〔貸　方〕		
12/31	租 税 公 課	150,000	12/31	な し 売 上 高	5,000,000
〃	肥 料 費	500,000	〃	玄 米 売 上 高	3,000,000
〃	農 薬 費	200,000	〃	白 菜 売 上 高	2,500,000
〃	諸 材 料 費	80,000	〃	家 事 消 費	150,000
〃	修 繕 費	50,000	〃	農産物期首棚卸高	− 100,000
〃	動 力 光 熱 費	470,000	〃	農産物期末棚卸高	120,000
〃	荷造運賃手数料	130,000			
〃	支 払 利 息	50,000			
〃	研 修 費	20,000			
〃	事 務 通 信 費	30,000			
〃	専 従 者 給 与	2,000,000			
〃	減 価 償 却 費	1,324,500			
〃	農産物以外期首棚卸高	60,000			
〃	農産物以外期末棚卸高	− 60,000			
〃	資 本 金	5,665,500			
		10,670,000			10,670,000

現　　金

	借方		貸方
	1,300,000		400,000
		12/31 次期繰越	900,000
	1,300,000		1,300,000
1/1 前期繰越	900,000		

定 期 預 金

	借方		貸方
	1,000,000	12/31 次期繰越	1,000,000
1/1 前期繰越	1,000,000		

普 通 預 金

	借方		貸方
	13,950,000		5,140,000
		12/31 次期繰越	8,810,000
	13,950,000		13,950,000
1/1 前期繰越	8,810,000		

売 掛 金

	借方		貸方
	2,200,000		2,200,000
12/31 白菜売上高	500,000	12/31 次期繰越	500,000
	2,700,000		2,700,000
1/1 前期繰越	500,000		

玄　　米

	借方		貸方
	100,000	12/31 農産物期首棚卸高	100,000
12/31 農産物期末棚卸高	120,000	12/31 次期繰越	120,000
	220,000		220,000
1/1 前期繰越	120,000		

建　　物

	借方		貸方
	4,120,250	12/31 減価償却費	207,000
		12/31 次期繰越	3,913,250
	4,120,250		4,120,250
1/1 前期繰越	3,913,250		

肥　　料

	借方		貸方
	40,000	12/31 農産物以外期首棚卸高	40,000
12/31 農産物以外期末棚卸高	50,000	12/31 次期繰越	50,000
	90,000		90,000
1/1 前期繰越	50,000		

構 築 物

	借方		貸方
	1,880,000	12/31 減価償却費	360,000
12/31		12/31 次期繰越	1,520,000
	1,880,000		1,880,000
1/1 前期繰越	1,520,000		

農　　薬

	借方		貸方
	20,000	12/31 農産物以外期首棚卸高	20,000
12/31 農産物以外期末棚卸高	10,000	12/31 次期繰越	10,000
	30,000		30,000
1/1 前期繰越	10,000		

機 械 装 置

	借方		貸方
	4,043,750	12/31 減価償却費	577,500
		12/31 次期繰越	3,466,250
	4,043,750		4,043,750
1/1 前期繰越	3,466,250		

出 資 金

	借方		貸方
	300,000	12/31 次期繰越	300,000
1/1 前期繰越	300,000		

車両運搬具

	借方		貸方
	485,000	12/31 減価償却費	180,000
		12/31 次期繰越	305,000
	485,000		485,000
1/1 前期繰越	305,000		

買 掛 金

	借方		貸方
12/31 次期繰越	900,000		900,000
		1/1 前期繰越	900,000

短期借入金

	借方		貸方
12/31 次期繰越	1,000,000		1,000,000
		1/1 前期繰越	1,000,000

預り金（源泉税）

	借方		貸方
12/31 次期繰越	50,000		50,000
		1/1 前期繰越	50,000

長期借入金

	借方		貸方
12/31 次期繰越	2,000,000		2,000,000
		1/1 前期繰越	2,000,000

未 払 金

12/31次期繰越	1,580,000			1,500,000
		12/31	荷造運賃 手 数 料	80,000
	1,580,000			1,580,000
		1/1 前期繰越		1,580,000

事 業 主 借

	50,000

事 業 主 貸

	500,000
12/31家事消費	150,000
12/31動力光熱費	30,000
	680,000

資 本 金

12/31次期繰越	15,994,500			10,329,000
		12/31 損益		5,665,500
	15,994,500			15,994,500
		1/1 前期繰越		15,994,500

繰 越 試 算 表

借　　方	勘 定 科 目	貸　　方
900,000	現　　　　　金	
8,810,000	普 通 預 金	
1,000,000	定 期 預 金	
500,000	売 　掛 　金	
120,000	玄　　　　　米	
50,000	肥　　　　　料	
10,000	農　　　　　薬	
300,000	出 　資 　金	
3,913,250	建　　　　　物	
1,520,000	構 　築 　物	
3,466,250	機 械 装 置	
305,000	車 両 運 搬 具	
	買 　掛 　金	900,000
	預 り 金（源泉税）	50,000
	未 　払 　金	1,580,000
	短 期 借 入 金	1,000,000
	長 期 借 入 金	2,000,000
680,000	事 業 主 貸	
	事 業 主 借	50,000
	資 　本 　金	15,994,500
21,574,500		21,574,500

(3) 財務諸表の作成

　農業経営の財政状態を明らかにすること，経営成績を明らかにすることは大切であり，これらを明らかにするための決算報告書を財務諸表といい，**①貸借対照表**，**②損益計算書**などからなります。

① 貸借対照表（B/S、Balance Sheet の略）は，農業経営の**一定時点における財政状態を表示**します。

　貸借対照表は，**繰越試算表に基づいて作成**され，借方に資産を，貸方に負債と資本を記載します。

② 損益計算書（P/L、Profit and Loss Statement の略）は，農業経営の**一定期間における経営成績を表示**します。損益計算書は，**総勘定元帳の損益勘定の記録に基づいて作成**され，借方に費用を，貸方に収益を記載します。

貸借対照表（B/S）

資　産	負　債
	資　本 (注)

損益計算書（P/L）

費　用	収　益
当期純利益	

(注) 当期純利益は資本の中に含まれています。

① 貸借対照表の形式

　財務諸表の形式には勘定式と報告式とがあります。

　勘定式では，元帳記入と同様に，借方と貸方に分けて記載します。

　事業主貸・事業主借は資本の−（マイナス）と＋（プラス）の要素であり，その年で完結し次期繰越高はありませんが，期末の貸借対照表を作成する際は計上します。

貸 借 対 照 表
令和○○年12月31日現在

資　　産		負債・資本	
現　　　　　金	900,000	買　掛　金	900,000
普　通　預　金	8,810,000	預り金（源泉税）	50,000
定　期　預　金	1,000,000	未　払　金	1,580,000
売　掛　金	500,000	短 期 借 入 金	1,000,000
玄　　　　　米	120,000	長 期 借 入 金	2,000,000
肥　　　　　料	50,000		
農　　　　　薬	10,000		
出　資　金	300,000		
建　　　　　物	3,913,250		
構　築　物	1,520,000		
機　械　装　置	3,466,250		
車　両　運　搬　具	305,000	事　業　主　借	50,000
		元　入　金	10,329,000
事　業　主　貸	680,000	当　期　純　利　益	5,665,500
	21,574,500		21,574,500

②　損益計算書の形式

損 益 計 算 書
令和○○年1月1日～12月31日

費　　用		収　　益	
租　税　公　課	150,000	な　し　売　上　高	5,000,000
肥　　料　　費	500,000	玄　米　売　上　高	3,000,000
農　　薬　　費	200,000	白　菜　売　上　高	2,500,000
諸　材　料　費	80,000	家　事　消　費	150,000
修　　繕　　費	50,000	農産物期末棚卸高	120,000
動　力　光　熱　費	470,000	農産物以外期末棚卸高	60,000
荷造運賃手数料	130,000		
支　払　利　息	50,000		
研　　修　　費	20,000		
事　務　通　信　費	30,000		
専　従　者　給　与	2,000,000		
減　価　償　却　費	1,324,500		
農産物期首棚卸高	100,000		
農産物以外期首棚卸高	60,000		
当　期　純　利　益	5,665,500		
	10,830,000		10,830,000

ポイント

①　損益計算書は，総勘定元帳の損益勘定の記録に基づいて作成され，借方に費用を，貸方に収益を記載します。

②　貸借対照表は，繰越試算表に基づいて作成され，借方に資産を，貸方に負債と資本を記載します。

（4）　当期純利益等の繰越し

> 　決算によって確定した当期純利益（所得）等は次の式により元入金（資本金）に繰り入れ，次期の元入金として繰り越します。
>
> $$次期の元入金＝期首元入金＋当期純利益＋事業主借－事業主貸$$

〔計算例〕

期首の元入金（資本金）及び決算後の当期純利益，事業主勘定は次のとおりであった。

事 業 主 貸	￥680,000	期首の元入金	￥10,329,000
		当 期 純 利 益	￥ 5,665,500
		事 業 主 借	￥　　 50,000

《次期の元入金》＝ 10,329,000 ＋ 5,665,500 ＋ 50,000 － 680,000 ＝ <u>15,364,500</u> 円

（5）　次期貸借対照表の作成

次期の期首貸借対照表は，次のとおりとなります。

貸 借 対 照 表
令和○○年１月１日現在

資　　産		負債・資本	
現　　　　　　　金	900,000	買　　掛　　金	900,000
普　通　預　金	8,810,000	預 り 金（源 泉 税）	50,000
定　期　預　金	1,000,000	未　　払　　金	1,580,000
売　　掛　　金	500,000	短　期　借　入　金	1,000,000
玄　　　　　米	120,000	長　期　借　入　金	2,000,000
肥　　　　　料	50,000		
農　　　　　薬	10,000		
出　　資　　金	300,000		
建　　　　　物	3,913,250		
構　　築　　物	1,520,000		
機　械　装　置	3,466,250		
車　両　運　搬　具	305,000	元　　入　　金	15,364,500
	20,894,500		20,894,500

V. 決算整理仕訳の実際例

1. 期中に算入していない売掛金・未収金に対する収益の計上及び買掛金・未払金に対する費用の計上

ポイント☝

◎ JA等に委託販売をしている場合，年末に出荷した農産物の販売代金及び出荷経費は翌年に精算される取引があります。

このような取引では，販売代金及び出荷経費は前年の収益・費用に計上する必要がありますが，精算をもって金額が判明しますので決算整理をします。

◎ 平成31年から始まった収入保険制度では，保険期間の収入が基準収入の９割（５年以上の青色申告実績がある場合の補償限度額の上限）を下回った場合に下回った額の９割を上限として補てんされます。

この補てんは特約補てん金及び保険金に分かれて保険期間の翌年又は翌事業年度の確定申告後に支払われます。税務申告のルールでは，全国農業共済組合連合会の「保険金等見積額算出ツール」により保険金等の見積額を算出し，その金額を保険期間の収入として申告することになっています。

なお，保険金等の見積額が算出できずに保険期間の収入として申告することができなかった場合は，全国農業共済組合連合会へ保険金等の請求を行った後，通知された保険金等の金額でもって修正申告をする方法もあります。

◎ 収入保険と同様に，翌年に共済金を支払う仕組みとなっている果樹共済については，その共済金は災害を受けた果実の収穫年の総収入金額に算入することとされています。

◎年末にいちごを出荷した（翌年１月の代金精算日に売上高¥*100,000*及び出荷経費¥*11,000*が判明し，前年の12月31日付で次の仕訳をします）。

(借)	売 掛 金	*100,000*	(貸)	い ち ご 売 上 高	*100,000*
(借)	荷造運賃手 数 料	*11,000*	(貸)	未 払 金	*11,000*

１月に，同上の売掛金が普通預金Ａに入金し、未払金を精算した。

(借)	普通預金Ａ	*89,000*	(貸)	売 掛 金	*100,000*
	未 払 金	*11,000*			

◎年末に肥料¥50,000を購入し，その代金が翌年1月に普通預金Aから引き落とされた。

（借）　肥　料　費　　50.000　　　　（貸）　買　掛　金　　50,000

1月に入り，同上の買掛金が普通預金Aから引き落とされた。

（借）　買　掛　金　　50,000　　　　（貸）　普通預金A　　50,000

◎12月に耕起作業を委託され，1月に代金が普通預金Bに振り込まれた。

（借）　未　収　金　　30,000　　　　（貸）　雑　収　入　　30,000
　　　　　　　　　　　　　　　　　　　　（作業受託）

1月に同上の代金が普通預金Bに入金された。

（借）　普通預金B　　30,000　　　　（貸）　未　収　金　　30,000

◎収入保険に基準収入¥10,000,000で次の条件で加入したが，¥3,000,000の減収となり，保険金等見積額算出ツールにより，特約補てん金¥900,000，保険金¥900,000が補てんされる結果となった。

なお，保険期間の雑収入に計上する金額は，特約補てん金¥900,000のうち国庫補助相当分（3/4）¥675,000（¥225,000は積立金の取り崩し）と保険金¥900,000になる。

条件：補償限度90％（保険80％＋積立10％），支払率90％　経営保険積立金¥225,000

（借）　未　収　金　　1,575,000　　（貸）　雑　収　入　　1,575,000
　　　　　　　　　　　　　　　　　　　　（収入保険補てん金）

確定申告後，全国農業共済組合連合会から保険金・補てん金が普通預金Aに入金された。

（借）　普通預金A　　1,800,000　　（貸）　未　収　金　　1,575,000
　　　　　　　　　　　　　　　　　　　　経　営　保　険
　　　　　　　　　　　　　　　　　　　　積　立　金　　225,000

・保険金等見積額算出ツールにより，雑収入として計上した補てん金と確定申告後に支払われた保険金・補てん金に差額が生じた場合，その差額が少額であるときは差額を減算又は加算して調整することができます。

保険金・補てん金が¥20,000多く入金があった。

（借）　普通預金A　　1,820,000　　（貸）　未　収　金　　1,575,000
　　　　　　　　　　　　　　　　　　　　経　営　保　険
　　　　　　　　　　　　　　　　　　　　積　立　金　　225,000
　　　　　　　　　　　　　　　　　　　　雑　収　入　　20,000

保険金・補てん金が¥20,000少なく入金があった。

（借）　普通預金A　　1,780,000　　（貸）　未　収　金　　1,575,000
　　　　雑　　　費　　20,000　　　　　　　経　営　保　険
　　　　　　　　　　　　　　　　　　　　積　立　金　　225,000

２．農産物の家事消費・事業消費の計上

ポイント👆

◎　生産された米や野菜などの農産物や牛乳などの畜産物を家庭・農業経営内で消費した場合，農業経営から見れば，家計・経営内に販売したとする**「家事消費」「事業消費」**（収益勘定）として計上します。

　　「家事消費」の相手勘定科目は、一旦家計から金銭を受け入れ，その金銭を家計に振り向けたと理解して**「事業主貸」**とします。**「事業消費」**の相手勘定科目は**「費用科目」**です。

◎　家事消費分は期末に一括して計上することができます。ただし，贈答などの場合はその都度計上します。なお，玄米の家事消費は期首に繰り越した玄米とその年収穫した玄米とがありますので、単価に注意して下さい。

◎　家事消費の金額については，消費した数量と単価（概算払い金等）をもとに計算します。なお，期首に繰り越した玄米はその単価です。

◎　種籾などを事業用に消費した場合は，その事業消費金額を収入金額に，同額を必要経費に算入します。したがって，損益は発生しないことになります。

　　なお，事業消費は決算時だけではなく，その都度記帳した方が良いでしょう。

◎　消費税では，「事業消費」はみなし譲渡に該当しないことから，不課税取引となります。ただし，地代・賃借料，人件費等を農産物（玄米等）で支払う場合は，課税売上に該当します。

◎いちご家事消費分￥*20,000*分を計上した。

　　　（借）事 業 主 貸　　　*20,000*　　　（貸）家 事 消 費　　　*20,000*

◎野菜家事消費分￥*50,000*分を計上した。

　　　（借）事 業 主 貸　　　*50,000*　　　（貸）家 事 消 費　　　*50,000*

◎子牛に飲ませた自家生産した牛乳￥*100,000*分を計上した。

　　　（借）飼 料 費　　　*100,000*　　　（貸）事 業 消 費　　　*100,000*

◎期首に繰り越した米のうち，一部を種籾（￥*20,000*相当）として使用したので計上した。

　　　（借）種 苗 費　　　*20,000*　　　（貸）事 業 消 費　　　*20,000*

◎期首に繰り越した米を家事消費（￥*180,000*相当）したので計上した。

　　　（借）事 業 主 貸　　　*180,000*　　　（貸）家 事 消 費　　　*180,000*

3. 農産物（米・麦等）の棚卸

◎ 農産物の棚卸は，正しい収益を計上するために行います。

◎ 所得税務では，農産物には原則として**収穫基準**（その年に収穫された農産物はその年の収益とするという考え方）が適用されますので，期末に売れ残った農産物は棚卸をして収穫された年の収益に計上しなければなりません。

　ただし，棚卸をしなければならない農産物には，生鮮野菜等は含めなくてもよいことになっていますので，棚卸をしなければならないのは，米・麦等の穀物や貯蔵性のある農産物です（国税庁通達課個5-3 平18.1.12）。

　なお仕訳は，棚卸した農産物名を相手科目として，「**農産物期末棚卸高**」（収益勘定）となります（下記仕訳※2参照）。

◎ 農産物を販売または家事消費したときには，収穫された年に関係なく収益に計上します。しかし，前年から繰り越してきた農産物（期首棚卸高）については，前述のとおり収穫基準の考え方からすでに前年の収益として計上してあるので，収益が重複しないように期首棚卸評価額分を控除する必要があります。

　なお仕訳は，販売または家事消費した期首農産物名を相手科目として，収益のマイナス（−）とする「**農産物期首棚卸高**」となります（下記仕訳※1参照）。

> 当年の農産物の収益＝当年販売金額＋期末棚卸高−期首棚卸高

（注）前年までに収穫した農産物を当年に販売したときは，それを当年の販売金額に含めます。

◎**玄米の棚卸高は次のとおりとなった。**

〔期首：¥*180,000*　　期末：¥*200,000*〕

※1　（借）農産物期首棚卸高　*180,000*　　（貸）玄　米　*180,000*
※2　（借）玄　米　*200,000*　　（貸）農産物期末棚卸高　*200,000*

> （注）「農産物期首棚卸高」および「農産物期末棚卸高」はいずれも収益勘定です。
>
> **農産物期首棚卸高は収益のマイナスを意味します。**

4．農産物以外（肥料・農薬等の生産資材）の棚卸

ポイント

◎ 肥料・農薬・飼料など生産資材の棚卸は，正しい費用を計上するために行います。

◎ 肥料・農薬・飼料などの生産資材は，その年の使用分を費用に計上します。

生産資材は購入時に資産を取得したとする①の仕訳をすることができますが，使用（消費）の都度②の仕訳をしなければならず面倒です。

① （借）肥　　料　　50,000　　（貸）現　　金　　50,000

② （借）肥　料　費　　50,000　　（貸）肥　　料　　50,000

したがって，購入時に費用勘定（××費）で仕訳し，期末に残った分を棚卸して，費用から控除する決算整理をする方法が実務的です。

なお仕訳は，期末に残った生産資材それぞれで費用を減少する③の仕訳もありますが，青色申告決算書との連動性を考慮して，棚卸表を作成し貯蔵品（棚卸高）を相手科目として，費用のマイナス（−）とする「**農産物以外期末棚卸高**」（費用勘定）と仕訳します（下記仕訳※2参照）。

③ （借）肥　　料　　100,000　　（貸）肥　料　費　　100,000

◎ 前年から繰り越した貯蔵品は，その年に使用（消費）していますので，決算時に新たな費用の増として調整を行います。

仕訳は，貯蔵品の減少を相手科目に，新たな費用のプラス（＋）とする「**農産物以外期首棚卸高**」（費用勘定）と仕訳します（下記仕訳※1参照）。

> 当年の費用 ＝ 当年の購入金額 ＋ 期首の棚卸高 − 期末の棚卸高

◎ なお，毎年度，同程度の数量を翌年へ繰り越す場合は，その棚卸を省略しても差し支えありません（国税庁通達課個5-3 平18.1.12）。

◎肥料，飼料，農薬の棚卸高は次のとおりとなった。

〔期首：¥350,000　（内訳）肥料¥100,000　飼料¥200,000　農薬¥50,000

　期末：¥360,000　（内訳）肥料¥120,000　飼料¥180,000　農薬¥60,000〕

※1	（借）	農産物以外期首棚卸高	350,000	（貸）	肥　　料	100,000	
					飼　　料	200,000	
					農　　薬	50,000	
※2	（借）	肥　　料	120,000	（貸）	農産物以外期末棚卸高	360,000	
		飼　　料	180,000				
		農　　薬	60,000				

（注）「農産物以外期首棚卸高」および「農産物以外期末棚卸高」は費用勘定です。

農産物以外期末棚卸高は費用のマイナスを意味します。

5. 農産物以外（販売用動物・未収穫農産物等）の棚卸

ポイント

◎ 牛や豚などの販売用動物および圃場にある麦などの未収穫農産物の棚卸は，肥料・農薬などの生産資材と同じく，正しい費用を計上するために行います。

棚卸の考え方は肥料・農薬などの生産資材と同じです。

◎ 販売用動物や未収穫農産物は，飼料や肥料等をどれだけ投下したか（費用のかたまり）と考えます。工・商業簿記でいう仕掛品に相当します。

期末に売れ残った販売用動物は当年中に給与した素畜費（自家生産は種付費）・飼料費等を基に，また麦などの未収穫農産物は投下した種苗費・肥料費等を基に棚卸高を計算し，費用から控除します。

なお仕訳は，販売用動物・未収穫農産物を相手科目として，費用のマイナス（−）とする「**農産物以外期末棚卸高**」（費用勘定）と仕訳します（下記仕訳※2参照）。

◎ 前年から繰り越した販売用動物・未収穫農産物は，当年の費用に加えます。

仕訳は，販売用動物・未収穫農産物の減少を相手科目に，新たな費用のプラス（＋）とする「**農産物以外期首棚卸高**」（費用勘定）と仕訳します（下記仕訳※1参照）。

◎ 採卵養鶏は，毎年同じ方法を条件として，棚卸を省略し，購入費・育成費等をその年分の費用とすることができます（国税庁通達昭57直所5-7）。

◎ 未収穫農産物は，毎年同程度の規模で作付するものは，棚卸を省略できます（国税庁通達課個5-3 平18.1.12）。

◎**肉用牛の棚卸高は次のとおりとなった。**

〔期首：¥2,000,000　期末：¥2,500,000〕

※1　（借）農産物以外期首棚卸高　2,000,000　（貸）肉用牛　2,000,000
※2　（借）肉用牛　2,500,000　（貸）農産物以外期末棚卸高　2,500,000

◎**未収穫農産物（麦）の棚卸は次のとおりとなった。**

〔期首：¥50,000　期末：¥60,000〕

※1　（借）農産物以外期首棚卸高　50,000　（貸）未収穫農産物　50,000
※2　（借）未収穫農産物　60,000　（貸）農産物以外期末棚卸高　60,000

（注）農産物以外期首棚卸高および農産物以外期末棚卸高はいずれも費用勘定です。**農産物以外期末棚卸高は費用のマイナスを意味します。**

6. 減価償却費の計上

ポイント 👉

◎ 一般に費用の発生に対しては，現金・預金が減少しますが，減価償却費は対象資産が減少したとする仕訳をします（「直接法」という）。

減価償却費を費用計上しても現金・預金は減少しませんので，資金的には農業経営の運転資金として運用されることがあります。

このため，減価償却費相当額を預金から除外し別途預金に積み立てると，耐用年数経過時には該当資産の取得資金が確保でき，新規資産の取得の際，この別途預金を充てるのか，借入金を充てるのかを判断することが資金運用に役立ちます。

◎ 減価償却資産の取得価額について，補助金を活用した場合は「Ⅲ．期中取引の実際例，8．償却資産の取得・除却等」（60ページ）を，農業経営基盤強化準備金を活用した場合は「Ⅴ．決算整理仕訳の実際例，9．農業経営基盤強化準備金」（108ページ）を参照下さい。

◎ 消費税では，減価償却資産の取得時に全額が課税対象の仕入れとして処理（一般課税の場合）することになりますので，減価償却費は課税対象の仕入れとはなりません。

（1）農業の用に供する建物，構築物，農業機械，車両運搬具，動物，植物は固定資産台帳に記帳し，償却費を計上します

対象となるものは，平成11年1月1日より事業の用に供した「1個または1組の取得価額が10万円以上のもので，その使用可能年数が1年以上のもの」です（平成元年4月1日から平成10年12月31日までは20万円以上。以前のものは10万円）。

なお，取得価額が10万円未満であるもの，または使用可能年数が1年未満のものは，その年の必要経費に算入できます。

（注1）一括償却資産の必要経費算入

取得価額が10万円以上20万円未満の資産の全部または特定の一部を一括し，その一括した償却資産の取得価額の合計額を業務の用に供した年以後3年間にわたって，その取得価額または成熟価額の3分の1に相当する金額を必要経費に算入することができます。

この方法を選択する場合は，確定申告書に一括償却資産の対象額を記載した書類，必要経費に算入される金額の計算に関する明細書を添付します（所税法施行令139）。

（注2）少額減価償却資産の必要経費算入＜中小企業者等の少額減価償却資産の取得価額の損金算入の特例＞

平成18年4月1日から令和6年3月31日までの間，10万円以上30万円未満の減価償却資産（少額減価償却資産）を取得した場合は取得価額の全額が必要経費に算入できます。なお，そ

の年分において，取得した少額減価償却資産の取得価額の合計額が300万円を超える場合は，その超える部分に係る減価償却資産については，通常の減価償却の計算を行い，必要経費に算入します。

この適用を受けるためには青色申告が条件となるほか，確定申告書に少額減価償却資産の取得価額に関する明細書の添付が必要です（措法28条の2）。

① 「取得価額」

・「購入」したものは，その購入の代価（取引運賃，荷役費，運送保険料，購入手数料，関税等を含む）及び業務の用に供するために直接要した費用の合計額です。

・「建設」したものは，原材料費，労務費，その他の経費及び業務の用に供するために直接要した費用の合計額です。

・「動物，植物」は「7．牛馬・果樹等の育成費用」の項（105ページ）を参照ください。

・「贈与，相続」で取得したものは，その資産を取得した者が引き続き所有していたものとみなされて，取得価額を引き継ぎます。

・「国庫補助金」の補助を受けて取得したものは，その資産の実際の取得価額から国庫補助金等の金額を控除した金額が，取得価額になります。

・消費税を含むか否かについては，免税事業者である場合及び課税事業者でも「税込経理方式」の場合は取得価額に含めます。

② 「償却方法」

平成19年4月1日以後に取得した減価償却資産については「残存価額」（耐用年数経過時に見込まれる処分価額。次頁ロ参照）と「償却可能限度額」（減価償却費の費用化していく限度額。牛馬・果樹は残存価額に達するまで，その他の償却資産は取得価額の5％に達するまで減価償却）が廃止され，耐用年数経過時点に1円（備忘価額）まで償却できるようになりました。

❶ 「定額法」

毎年の償却額が同額となる方法であり，「減価償却資産の償却方法の届出書」を税務署長に提出していない場合は，この方法によります。また，動物，植物及び平成10年4月1日以後に取得した建物および平成28年4月1日以降に取得した建物附属設備および構築物は，この方法だけによります。

イ．平成19年4月1日以後に取得した減価償却資産

$$その年分の減価償却費＝取得価額×定額法償却率×\frac{その年中業務の用に供した月数}{12}×事業専用割合$$

（計算例：農作業舎（木骨モルタル造）を建設した場合）

取得価額：3,000,000円　平成19年4月1日取得し，使用した。

耐用年数：14年

償却率：0.072

事業専用割合：100%

計算式：

平成19年　$3,000,000 \times 0.072 \times \dfrac{9}{12} \times 100\% = 162,000$

平成20年　$3,000,000 \times 0.072 \times \dfrac{12}{12} \times 100\% = 216,000$

〜令和2年

令和3年　$30,000$（令和2年末未償却残高）$-1 = 29,999$

（1円（備忘価額）までの償却）

年　分	平成19年	20年	21年	令和2年	3年
減価償却費	162,000	216,000	216,000	216,000	29,999
未償却残高	2,838,000	2,622,000	2,406,000	30,000	1

ロ．平成19年3月31日以前に取得した減価償却資産

その年分の減価償却費 $= \{(\text{取得価額}) - (\text{残存価額})\} \times \text{旧定額法償却率} \times \dfrac{\text{その年中業務の用に供した月数}}{12} \times \text{事業専用割合}$

・減価償却資産の「残存価額」の求め方

残存価額＝取得価額×残存割合

残存割合（平成19年4月1日以後に取得した資産には適用しません）

資産の種類等	残存割合	資産の種類等	残存割合
建物，農機具などの一般減価償却資産	10%	馬	
牛		小運搬使役用	20%
小運搬使役用	40%	繁殖用	20%
繁殖用の乳用牛	20%	競走用	20%
種付用の役肉用牛	20%	種付用	10%
種付用の乳用牛	10%	農業使役用その他用	30%
農業使役用その他用	50%	綿羊，やぎ	5%
豚	30%	果樹その他の植物	5%

※牛と馬については，(取得価額×残存割合)の金額が10万円以上となる場合には，10万円とします。

（計算例：農作業舎（木骨モルタル造）を建設した場合）

取得価額：3,000,000円　平成19年3月31日取得し，使用した。

耐用年数：14年

償却率：0.071

事業専用割合：100%　残存割合：10%

償却可能限度額：150,000円（3,000,000×0.05）（95%まで（残り5%）償却）

計算式：

$$平成19年 \quad (3,000,000 - (3,000,000 \times 0.1)) \times 0.071 \times \frac{10}{12} \times 100\% = 159,750$$

$$平成20年 \quad (3,000,000 - (3,000,000 \times 0.1)) \times 0.071 \times \frac{12}{12} \times 100\% = 191,700$$

$$\sim 令和3年$$

$$令和4年 \quad 156,450 （令和3年末未償却残高） - 150,000 （償却可能限度額） = 6,450$$

年　分	平成19年	20年	21年	令和3年	令和4年
減価償却費	159,750	191,700	191,700	191,700	6,450
未償却残高	2,840,250	2,648,550	2,456,850	156,450	150,000

　償却可能限度額に達した翌年以後はその達した年分の翌年分以後5年間で1円（備忘価額）まで均等償却することとされました。

　なお，その5年間の中途で除却，滅失した場合は，その年の使用月までをその年の減価償却費として計上し，未償却残高から使用月までの減価償却費，保険金などを除いた金額がその年の必要経費（固定資産除却損）となります。

$$減価償却費 = （取得価額 - 取得価額の95\% - 1円） \div 5$$

（注1及び注2）

（計算例）

令和5年〜8年

$$(3,000,000 - (3,000,000 \times 0.95) - 1) \div 5 = 30,000$$

令和9年　$30,000 - 1 = 29,999$

年　分	令和5年	6年	7年	8年	9年
減価償却費	30,000	30,000	30,000	30,000	29,999
未償却残高	120,000	90,000	60,000	30,000	1

ⓘ 「定率法」

　初期に償却費を多く，年がたつに従って償却費が少なくなる方法です。構築物（平成28年4月1日以降に取得したものは定額法のみ）・機械装置・車両運搬具等は，申請によって，この方法を選択できます。個別の資産ごとの選択はできません。

　なお，平成24年4月1日以後に取得する減価償却資産については，定率法の償却率がこれまでの「250％定率法」（定額法償却率の2.5倍）から「200％定率法」（定額法償却率の2倍）に引き下げられ，新たな償却率，改定償却率及び保証率を適用します（134〜135ページ参照）。

　平成19年4月1日から平成24年3月31日までに取得した減価償却資産については「250％定率法」

の償却率によります。

イ．平成19年4月1日以後に取得した減価償却資産

　新たに「保証率」を用いて計算する「償却保証額」が設定され，減価償却費が償却保証額に満たなくなる最初の年に，その年の期首未償却残高を改定取得価額とし，償却率を「改定償却率」に変更して計算します。

　　その年分の減価償却費の額＝<u>取得価額</u>×定率法償却率×$\dfrac{使用月数}{12}$×事業専用割合

$$\downarrow$$

（2年目以降は未償却残高が入る）

　償却保証額＝取得価額×保証率

　※保証率とは，5％相当額の償却限度額（償却保証額）を出すときに用いる率。

（計算例）200％定率法（乗用トラクターを平24.4.1以後に取得）

取得価額：1,000,000円　平成24年4月1日取得し，使用

耐用年数：7年

償却率：0.286

保証率：0.08680

改定償却率：0.334

事業専用割合：100％

償却保証額：1,000,000×0.08680＝86,800

　　（償却保証額に達するまで）

　　　　平成24年　　$1,000,000×0.286×\dfrac{9}{12}×100\%＝214,500$

　　　　平成25年　　$785,500×0.286×\dfrac{12}{12}×100\%＝224,653$

　　（平成26年，27年の計算式は省略）

　　　　平成28年　　$285,918×0.286×\dfrac{12}{12}×100\%＝81,773＜86,800$（償却保証額）

　　（償却保証額に達した後－平成28年から－）

　　　　平成28年の期首の未償却残高を改定取得価額とし改定償却率を乗じて計算します。

　　　　平成28年　　$285,918×0.334×\dfrac{12}{12}×100\%＝95,497$

　　　　平成30年　　$94,924－1＝94,923$

年　分	平成24年	25年	27年	28年	29年	30年
期首簿価 （期首未償却残高）	1,000,000	785,500	400,445	285,918	190,421	94,924
減価償却費 （調整前償却費）	214,500	224,653	114,527	81,773		
変更後の償却率による計算　改定取得価額	－	－	－	285,918	285,918	285,918
変更後の償却率による計算　減価償却費	－	－	－	95,497	95,497	94,923
期末未償却残高	785,500	560,847	285,918	190,421	94,924	1

ロ．平成19年3月31日以前に取得した減価償却資産

$$その年分の減価償却費の額＝\underline{取得価額}×旧定率法償却率×\frac{使用月数}{12}×事業専用割合$$

↓

（2年目以降は未償却残高）

（計算例）乗用トラクターを取得

取得価額：1,000,000円　平成19年3月31日取得し，使用

耐用年数：8年，7年（平成21年〜）

償却率：0.250，0.280（平成21年〜）

事業専用割合：100%　残存割合：10%

償却可能限度額：50,000円（1,000,000×0.05）

平成19年　$1,000,000×0.250×\frac{10}{12}×100\%＝208,333$

平成20年　$791,667×0.250×\frac{12}{12}×100\%＝197,917$

平成21年　$593,750×0.280×\frac{12}{12}×100\%＝166,250$

（平成22年〜26年の計算式は省略）

平成27年　$82,718×0.280×\frac{12}{12}×100\%＝23,161$

平成28年　$59,557－50,000＝9,557$

年　分	平成19年	20年	21年	27年	28年
期首簿価 （期首未償却残高）	1,000,000	791,667	593,750	82,718	59,557
減価償却費	208,333	197,917	166,250	23,161	9,557
期末未償却残高	791,667	593,750	427,500	59,557	50,000

償却可能限度額に達した翌年以降は，次により計算した金額がその年分の減価償却費の額となり，1円（備忘価額）まで均等償却します。

（計算例）

平成29年～令和2年

　　$(1,000,000 - (1,000,000 \times 0.95) - 1) \div 5 = 10,000$

令和3年　$10,000 - 1 = 9,999$

年　分	29年	30年	令和1年	2年	3年
減価償却費	10,000	10,000	10,000	10,000	9,999
期末未償却残高	40,000	30,000	20,000	10,000	1

　（注）平成18年分以前の申告において既に償却可能限度額に達している資産については，平成20年以後1円（備忘価額）まで，この計算方法により減価償却費を計算することになります。

③「耐用年数」

　建物，構築物，車両，器具・備品，機械，生物等種類別に定められています。

　なお，平成20年度税制改正で機械及び装置を中心に耐用年数の見直しが行われ，旧別表第七「農林業用減価償却資産の耐用年数表」は別表第一及び第二に統合整理され削除されました。改正後の耐用年数は既存の減価償却資産を含め，個人の場合は平成21年分以後所得税について適用されています。

④中古資産の耐用年数

　中古資産の場合は，使用可能期間を見積もって耐用年数とすることができます。それが困難なときは，次の算式によります（その年数に1年未満の端数があるときはその端数を切捨て，その年数が2年未満となるときは2年とします）。

　　　❶「法定耐用年数の一部を経過したもの」

　　　　計算式：（法定耐用年数－経過年数）＋（経過年数×0.2）＝中古資産の耐用年数

　　　❷「法定耐用年数の全部を経過したもの」

　　　　計算式：法定耐用年数×0.2=中古資産の耐用年数

⑤「償却率」「改定償却率」「保証率」

　耐用年数により，定額法の償却率，定率法の償却率・改定償却率・保証率が定められています。

（巻末付録参照）

⑥「固定資産除却損」

　農業の用に供する固定資産を取壊し，除却，滅失による損失を生じたときは，その損失額は農業所得の必要経費（固定資産除却損）となります。

　計算式：取壊しなどをした日現在の未償却残高－廃品の処分可能価格＋取り片付け費用－保険金

などの補填金額＝必要経費

⑦**資本的支出の取扱い**

　既存の減価償却資産に対して，平成19年4月1日以後に資本的支出（固定資産の使用可能期間を延長または価額を増加させる部分の支出）を行った場合，その支出金額を固有の取得価額として，既存の減価償却資産と種類及び耐用年数を同じくする減価償却資産を新たに取得したものとして，新たな定額法または新たな定率法等により減価償却費を計算することとされました。

　既存の減価償却資産本体については，この資本的支出を行った後においても，現に採用されている償却方法により，償却を継続して行うこととなります。

　なお，取得価額の特例として次の処理も認められます。

イ．平成19年3月31日以前に取得した既存の減価償却資産に資本的支出を行った場合は，資本的支出の対象資産である既存の減価償却資産の取得価額に，この資本的支出の金額を加算することができます。

　　なお，この加算を行った場合は，当該資本的支出を行った減価償却資産の種類，耐用年数及び償却方法に基づいて，加算を行った資本的支出部分も含めた減価償却資産全体の償却を旧定額法または旧定率法等により行うこととなります。

ロ．新たな定率法を採用している既存の減価償却資産に資本的支出を行い，資本的支出を行った事業年度の次期事業年度開始の時に，既存の減価償却資産の帳簿価額と資本的支出資産の帳簿価額との合計額を取得価額とする一つの減価償却資産を新たに取得したものとすることができます。

⑧**農業経営基盤強化準備金**（措法24条の2）**及び農用地等を取得した場合の課税の特例**（措法24条の3）

イ．青色申告書を提出する認定農業者・認定新規就農者が，令和5年3月31日までの期間において，経営所得安定対策交付金（ゲタ対策・ナラシ対策交付金，水田活用直接支払交付金）について，認定計画等の定めるところに従って一定の金額を農業経営基盤強化準備金として積み立てたときは，当該積立金を積み立てした年分の農業所得の計算上必要経費に算入することとされました。

　　なお，この準備金については，積み立てた年の翌年から5年を経過したものがある場合には，その5年を経過した日の属する年分に，その経過した準備金を総収入金額に算入します。

ロ．イの農業経営基盤強化準備金を有する認定農業者が認定計画等の定めるところに従い，農業用固定資産（農用地・農業用機械等）を取得等し，事業の用に供した場合には，一定の金額の範囲内で，その年分の事業所得の金額の計算上，圧縮記帳（圧縮額を必要経費に算入）できます。

ハ．この特例を受ける場合は，確定申告書に「農業経営基盤強化準備金の必要経費算入及び認定計画に定めるところに従い取得した農用地等に係る必要経費算入に関する明細書」，農林水産大臣（各地方農政局）の「農業経営基盤強化準備金に関する証明書」，「農用地等を取得した場合の証明書」を添付する必要があります。

　　なお，確定申告書第二表，特例適用条文等の欄に「措法24の2」と記入します。

⑨「特別償却」と「割増償却」

　青色申告者には，前述通常の計算方法によるその事業年度の減価償却費に加え，一定の要件により取得価額の一定割合を償却する「特別償却費」と普通償却限度額を割増する「割増償却費」を必要経費に算入することができます。

　いずれも，確定申告書に，その算入に関する記載（確定申告書Bの第二表の「特例適用条文等」欄に「措法○条」と記載）をするとともに，計算明細書を添付することが要件です。

　なお，償却額は前記②の備忘価額（94ページ）までですので，通常の減価償却期間より早く費用化できます。

❶ 「特別償却」とは，特定の減価償却資産を取得し，事業に供した初年分の償却費に，次の算式※で計算した特別の償却費を，合計償却限度額の範囲内で算入することができます。

$$通常の計算による減価償却費 + \underset{特別償却費}{\underbrace{\overset{※取得価額×一定割合}{}}} = 合計償却限度額$$

❷ 「割増償却」とは，特定の減価償却資産を取得し，事業に供した以降一定期間，償却費を次の算式※で計算して割増しし，合計償却限度額の範囲内で算入することができます。

$$通常の計算による減価償却費 + \underset{割増償却費}{\underbrace{\overset{※通常の計算による減価償却費×割増率}{}}} = 合計償却限度額$$

❸ 農業に関する「特別償却」及び「割増償却」には，主なものとして次のような特例があります。

「中小企業者等が機械等を取得した場合の特別償却又は税額控除＜中小企業投資促進税制＞」
（措法10条の3）

　青色申告者が令和5年3月31日までに160万円以上の新しい機械及び装置，一定の器具及び備品等を取得または製作して農業経営の用に供した場合，原則としてその初年度に取得価額の30％を特別償却費として必要経費に算入するか，または7％の税額控除を選択して適用できます。

⑩その他

❶ 農業の用に供している固定資産を売却（下取り含む）した場合は，農業所得の損益ではなく譲渡所得の損益となります。

　ただし，乳牛のように「営利を目的として継続的に譲渡」される場合は，農業所得となります。

❷ 減価償却資産を経営と家計で共用している場合，減価償却費の計算は建物等は使用面積で按分する等，使用割合で分けます。

　なお，家計分は「事業主貸」勘定となります。

（参考）固定資産台帳

（例）平成19年3月31日以前に取得した減価償却資産

農作業舎（木骨モルタル造）

（固定資産台帳）
農林業用減価償却資産

		残存価額	300,000		所　在	○○市△△町
耐用年数	14年
償却率	0.071			旧定額法

年	月	日	摘　要	数量 受	数量 払	数量 残	取得価額 又は増価	減価償却費	帳簿価額	備考
平成19	3	2	購入				3 0 0 0 0 0 0			
19	12	31						1 5 9 7 5 0 (注1)	2 8 4 0 2 5 0	$\frac{10}{12}$
20	12	31						1 9 1 7 0 0 (注2)	2 6 4 8 5 5 0	
21	12	31						1 9 1 7 0 0	2 4 5 6 8 5 0	
22	12	31						1 9 1 7 0 0	2 2 6 5 1 5 0	
23	12	31						1 9 1 7 0 0	2 0 7 3 4 5 0	
24	12	31						1 9 1 7 0 0	1 8 8 1 7 5 0	
25	12	31						1 9 1 7 0 0	1 6 9 0 0 5 0	
26	12	31						1 9 1 7 0 0	1 4 9 8 3 5 0	
27	12	31						1 9 1 7 0 0	1 3 0 6 6 5 0	
28	12	31						1 9 1 7 0 0	1 1 1 4 9 5 0	
29	12	31						1 9 1 7 0 0	9 2 3 2 5 0	
30	12	31						1 9 1 7 0 0	7 3 1 5 5 0	
31	12	31						1 9 1 7 0 0	5 3 9 8 5 0	
令和2	12	31						1 9 1 7 0 0	3 4 8 1 5 0	
3	12	31						1 9 1 7 0 0	1 5 6 4 5 0	
4	12	31						6 4 5 0 (注3)	1 5 0 0 0 0	5 %
5	12	31						3 0 0 0 0 (注4)	1 2 0 0 0 0	均等償却
6	12	31						3 0 0 0 0	9 0 0 0 0	
7	12	31						3 0 0 0 0	6 0 0 0 0	
8	12	31						3 0 0 0 0	3 0 0 0 0	
9	12	31						2 9 9 9 9	1	備忘価額

減価償却累計額
2,999,999

（注1）　減価償却費の計算
$$(3,000,000-300,000)\times0.071\times\frac{10}{12}=159,750$$

（注2）　$(3,000,000-300,000)\times0.071\times\frac{12}{12}=191,700$

（注3）　156,450－150,000（償却可能限度額）＝6,450
（注4）　（150,000－1）÷5＝30,000
（注5）　令和9年までの中途で，この資産を除却・滅失した場合は，除却・滅失した年の使用月までをその年の減価償却費として計上し，帳簿残額から使用月までの減価償却費・保険金などを除いた金額が，その年の必要経費（固定資産除却損）となります。

（例）平成19年4月1日以後に取得した減価償却資産

乗用トラクター

（固定資産台帳）
農林業用減価償却資産

耐用年数	7年	所　在	○○市△△町
償却率	0.143		
			定額法

年	月	日	摘　要	数量 受	数量 払	数量 残	取得価額 又は増価	減価償却費	帳簿価額	備考
平成 27	9	2	購　入				1 6 9 7 0 0 0			
27	12	31						8 0 8 9 0 (注1)	1 6 1 6 1 1 0	$\frac{4}{12}$
28	12	31						2 4 2 6 7 1 (注2)	1 3 7 3 4 3 9	
29	12	31						2 4 2 6 7 1	1 1 3 0 7 6 8	
30	12	31						2 4 2 6 7 1	8 8 8 0 9 7	
31	12	31						2 4 2 6 7 1	6 4 5 4 2 6	
令和 2	12	31						2 4 2 6 7 1	4 0 2 7 5 5	
3	12	31						2 4 2 6 7 1	1 6 0 0 8 4	
4	12	31						1 6 0 0 8 3	1	備忘価額

（注1）減価償却費の計算　　$1,697,000 \times 0.143 \times \frac{4}{12} = 80,890$

（注2）$1,697,000 \times 0.143 \times \frac{12}{12} = 242,671$

⇓
減価償却累計額
1,696,999

(2) 減価償却費の仕訳

◎納屋，田植機，トラックの減価償却費を次のとおり計上する（直接法とする）。

〔納屋：¥50,000，田植機：¥100,000，トラック：¥80,000〕

（借）	減価償却費	230,000	（貸）	建　　物	50,000
				機 械 装 置	100,000
				車両運搬具	80,000

◎一部を農業用として使っている住宅の減価償却費を計上する。

〔住宅全体の減価償却費は¥200,000で，事業専用割合は10%とした場合の例〕

（借）	減価償却費	20,000	（貸）	建　　物	200,000
	事 業 主 貸	180,000			

◎年の途中（令和2年9月）で取得し，その月から使用し始めた自脱型コンバイン（取得価額¥4,000,000）の定額法による減価償却費を計上する（直接法とする）。

減価償却費 = $4,000,000 \times$ 償却率（0.143）$\times 4/12 =$ ¥190,667

（借）	減価償却費	190,667	（貸）	機 械 装 置	190,667

◎年の途中で廃棄（除却）したトラクターの定額法による減価償却費を計上する。

〔取得価額：¥3,000,000　　取得年月日：平成28年1月　　除却年月：令和4年10月〕

令和4年分の減価償却費 = $3,000,000 \times$ 償却率（0.143）$\times 10/12$

= ¥357,500

〔令和4年分の仕訳〕

（借）	減価償却費	357,500	（貸）	機 械 装 置	357,500

除却時の未償却残高 = $3,000,000 -$ 減価償却累計額（2,931,500 ※）= ¥68,500

（あわせて除却損を次のとおり計上する。）

（借）	固 定 資 産 除 却 損	68,500	（貸）	機 械 装 置	68,500

※減価償却累計額　¥2,931,500の内訳

平成28年	429,000	$3,000,000 \times 0.143 \times 12/12 \times 100\%$	
29年	429,000		
30年	429,000		
31年	429,000		
令和2年	429,000		
3年	429,000		
4年	357,500	（上記のとおり）	

7．牛馬・果樹の育成費用の計上

ポイント 🖐

◎　将来の償却資産とするために育成中の乳牛（子牛）や果樹（未成木）等にかかった飼料代や肥料代などの費用は，育成中の各年の費用から控除しておき，それらが成熟した時点で控除しておいた金額の合計額を取得価額とします。

◎　仕訳は，育成中は当年の育成に要した費用（飼料費，肥料費など）を育成費として費用の－（マイナス）として控除し，その分を資産として計上します。

◎　成熟時点で固定資産となり，積算された育成費合計額を取得価額として，耐用年数に応じて，減価償却費として費用計上していくことになります。

◎　成熟年数は，国税庁で示している減価償却資産の耐用年数表の生物（別表第四）（132ページ）の成熟年数を活用します。

◎自家育成の乳牛が成熟するまでの１頭の仕訳は次のとおり。

（種付料（素畜費）：¥*15,000*（生後１４ヶ月目），飼料費：１ヶ月¥*10,000*，成熟年数２年）

（１年目４月生まれの例）

　　　　（借）育　成　牛　　　*90,000*　　　（貸）育　成　費　　　*90,000*
　　　　　　　　　　　　　　　　　　　　　　（注）飼料費（¥*10,000*×９ヶ月）

（２年目）

　　　　（借）育　成　牛　　*225,000*　　　（貸）育　成　牛　　　*90,000*
　　　　　　　　　　　　　　　　　　　　　　　　　育　成　費　　*135,000*
　　　　　　　　　　　　　　　　　　　　　　（注）飼料費（¥*10,000*×12ヶ月）
　　　　　　　　　　　　　　　　　　　　　　　　　＋種付料（¥*15,000*）

（３年目の３月に成熟）

　　　　（借）乳　　　　牛　　*255,000*　　　（貸）育　成　牛　　*225,000*
　　　　　　　　　　　　　　　　　　　　　　　　　育　成　費　　　*30,000*
　　　　　　　　　　　　　　　　　　　　　　（注）飼料費（¥*10,000*×３ヶ月）

◎当年のなし樹の育成費用（肥料費等）を計算したところ次のとおりとなった。

　　　なし樹の育成にかかった費用（肥料費等）　　¥*100,000*
　　　育成中のなし樹から収穫したなしの収入金額　　¥*30,000*

〔なしを販売したとき〕

　　　　（借）現　　　　金　　　*30,000*　　　（貸）なし売上高　　　*30,000*

〔**育成費用を計上するとき**〕

　　　（借）　なし育成樹　　　70,000　　　　　（貸）　なし育成費　　　100,000
　　　　　　　なし売上高　　　30,000

> ※当例の場合は,肥料費の個々の費用勘定科目からの控除とはせず,「育成費」という集合科目名での仕訳例とした。

> （注）上記のとおり,育成中の果樹（未成木）から収穫した果実の収入があったときは,その収入金額は農業収入に計上しないで,育成中の果樹（未成木）にかかった費用からその収入金額を減額した金額を育成費用とするのが原則です。
>
> 　ただし,例外的な取り扱いとして,毎年継続して同一方法によることを条件に,未成熟の果樹から収穫した果実の収入を農業収入に計上する方法が認められています。この方法による仕訳は次のとおりです。
>
> （借）　現　　　　　金　　30,000　　　　（貸）　なし売上高　　　30,000
> （借）　なし育成樹　　　100,000　　　　（貸）　なし育成費　　　100,000

◎**育成中のなし樹が成熟した（取得価額¥200,000）。**

　　　（借）　な　し　樹　　　200,000　　　　　（貸）　なし育成樹　　　200,000

8. 家事関連費の家計分の按分

✋ ポイント

◎ 電気・水道・燃料等の動力光熱費，電話料等の事務通信費等については，支払い時に家計分と農業経営分に分けないで，一括して農業経営の現金・預金から支払う場合が多いと思われます。

　このような場合は決算時に家計分と農業経営分を按分（区分）し，家計分を費用から控除する必要があります。

◎ 別の調整手法として，支払い時に家計分と農業経営分を按分（区分）して仕訳しておけば，決算時に調整の必要はありません。

◎ 逆に，農業経営の費用を家計の方で一括して支払っていたときは，農業経営分を按分して費用に計上する必要があります。

◎ 相手科目は家計との関連なので，事業主貸または事業主借という勘定となります。

◎農業経営の普通預金から一括して支払っていた灯油代￥*200,000* のうち，￥*50,000* を家計用として控除する。

　　　（借）　事 業 主 貸　　　*50,000*　　　（貸）　動力光熱費　　　*50,000*

◎農業経営の普通預金から一括して支払っていた電話代￥*120,000* のうち，￥*80,000* を家計使用分として控除する。

　　　（借）　事 業 主 貸　　　*80,000*　　　（貸）　事務通信費　　　*80,000*

◎家計の普通預金から一括して支払っていた電気代￥*300,000* のうち，￥*100,000* を農業用として計上する。

　　　（借）　動力光熱費　　　*100,000*　　　（貸）　事 業 主 借　　　*100,000*

9. 農業経営基盤強化準備金

◎　農業経営基盤強化準備金の積み立て対象となる交付金・補助金等は，入金時には農業所得の収入（雑収入）として仕訳します。

　　なお，交付金の交付決定通知日と交付金支払日で会計期間が異なる場合は，交付決定通知日で（借）未収金×××（貸）雑収入（交付金）×××　と仕訳して前期収益に計上し，次期に（借）普通預金×××（貸）未収金×××とします。

◎　認定計画等に従い，農業経営基盤強化準備金を積み立てる場合は，

　　　①「積立時の農業所得金額＝準備金の積立予定額を除いて（0として）仮計算した青色申告特別控除前の所得金額」

　　　②「準備金積立予定額＝農林水産大臣の証明額」

のいずれか少ない金額が，準備金積立額（農業経営基盤強化準備金＝負債勘定）を相手方として必要経費（農業経営基盤強化準備金繰入＝費用勘定）算入となります。

　　※所得税青色申告決算書（農業所得用）は，各種引当金・準備金等の繰入額等の空欄に，農業経営基盤強化準備金として積立金額を記入します。

◎　認定計画等に従い，5年以内に積み立てた農業経営基盤強化準備金を取り崩し，または受領した準備金等を全額積み立てずに受領した年に用いて農用地や農業用機械・施設等を取得した場合は，圧縮記帳します。手順は次のとおりです。

　　　（注）圧縮記帳とは，取得した農業用固定資産の帳簿価額を一定額まで減額し，その減額分を必要経費（損金）に算入すること

　　①　その年の補助金・交付金は雑収入，積み立てた農業経営基盤強化準備金のうち，取得に充てる準備金取崩額は，準備金積立額（農業経営基盤強化準備金＝負債勘定）の減少を相手方として，収益（農業経営基盤強化準備金繰戻＝収益勘定）算入します。

　　※所得税青色申告決算書（農業所得用）は，各種引当金・準備金等の繰戻額等の空欄に，農業経営基盤強化準備金として取崩金額を記入します。

　　②　その年の補助金・交付金を農業経営基盤強化準備金として積み立てる場合は，前述の手順に従います。

　　③　ア「積立時の農業所得金額＝①の準備金取崩額を収益に，②の積立予定額を算入して仮計算した青色申告特別控除前の所得金額」

　　　　イ「①の準備金取崩額及びその年の交付金等のうち資産の取得に充てた金額（＝農林水産大臣の証明額）の合計額」

　　　　ウ「農業用固定資産の取得額」

のア・イ・ウいずれか少ない額が，取得した農業用固定資産（資産勘定）の減少を相手方として必要経費（固定資産圧縮損＝費用勘定）算入となります。

※所得税青色申告決算書（農業所得用）は，経費の空欄に，固定資産圧縮損として圧縮額を記入します。

（注）平成30年4月1日から、租税特別措置法の農業経営基盤強化準備金（第24条の2第3項第2号）が、次のとおり改正されました。

二　農用地等の取得又は建設等をし、積み立てた農業経営基盤強化準備金を取り崩す場合は、次に定める金額を総収入金額に算入します。

イ．認定計画に基づき農用地等を取得等した場合、その取得等をした農用地等の取得価額に相当する金額

ロ．農用地等を取得等（認定計画に基づかない）した場合、その取得等をした農用地等の取得価額に相当する金額

◎**経営所得安定対策交付金￥2,500,000を普通預金Bに入金した。**

| （借） | 普通預金B | 2,500,000 | （貸） | 雑　収　入
（交　付　金） | 2,500,000 |

◎**農業経営基盤強化準備金￥2,500,000を積み立てた。**

【個人経営で負債勘定（引当金）に積み立てる場合】

| （借） | 農 業 経 営
基 盤 強 化
準備金繰入
（費用勘定） | 2,500,000 | （貸） | 農 業 経 営
基 盤 強 化
準 備 金
（負債勘定） | 2,500,000 |

【法人経営で剰余金処分により資本の部（任意積立金）に積み立てる場合】

| （借） | 繰 越 利 益
剰 余 金 | 2,500,000 | （貸） | 農 業 経 営
基 盤 強 化
準 備 金
（資本勘定） | 2,500,000 |

◎**農業経営基盤強化準備金を取り崩して，固定資産を購入する（上記平成30年4月1日からの租税特別措置法改正二のイを適用）。**

設例：当年の収入額（雑収入に交付金￥2,500,000を含む）￥8,500,000，費用￥5,300,000，農業所得￥3,200,000

当年の交付金￥2,500,000のうち準備金積立予定額　　￥1,500,000

固定資産取得充当金額￥1,000,000

積立準備金￥10,000,000のうち固定資産取得のための取崩金額￥10,000,000

固定資産取得金額￥11,000,000とする（コンバイン）。

この設例からは

① 取得時の農業所得¥*11,700,000*（農業所得¥*3,200,000*＋積立準備金取崩金額¥*10,000,000*
　　　　　－当年準備金積立予定額¥*1,500,000*）

② 積立準備金取崩金額¥*10,000,000*＋当年固定資産取得充当金額¥*1,000,000*

③ 固定資産取得額¥*11,000,000*

のうち少ない②・③の¥*11,000,000*から¥*1*を差し引いた¥*10,999,999*が固定資産圧縮損として，必要経費に算入する。

　最終計算後の農業所得（青色申告特別控除後）は，

¥*50,001*（*11,700,000* － *10,999,999* － *650,000*）となる。

1．積み立ててあった農業経営基盤強化準備金¥*10,000,000*のうち，コンバインを購入するため¥*10,000,000*を取り崩した。

| （借） | 農業経営基盤強化準備金（負債勘定） | *10,000,000* | （貸） | 農業経営基盤強化準備金繰戻（収益勘定） | *10,000,000* |

2．認定計画に従いコンバイン¥*11,000,000*を購入し，普通預金Bから，支払った。

| （借） | 機械装置 | *11,000,000* | （貸） | 普通預金B | *11,000,000* |

　また，そのコンバイン¥*11,000,000*のうち，¥*10,999,999*を固定資産圧縮損として必要経費に算入した。

| （借） | 固定資産圧縮損（費用勘定） | *10,999,999* | （貸） | 機械装置 | *10,999,999* |

（注）コンバインは，差し引き¥*1*を備忘価額として固定資産台帳に記載する。

第3章

消費税課税事業者の仕訳実務

1. 消費税の課税事業者と免税事業者

　国内で消費税の課税対象となる取引を行う事業者は、消費税の納税義務者であり、本来的には課税事業者となるわけですが、その課税期間（消費税の課税や税額計算等で基礎となる期間。個人事業者は暦年で、その年の1月1日から12月31日まで）の基準期間（個人事業者は課税期間の前々年。令和4年が課税期間である場合には、令和2年分）における課税売上高が1,000万円以下である事業者については、その課税期間の納税義務が免除されます（免税事業者）。

　また、基準期間の課税売上高が1,000万円以下であっても、当課税期間の前年（令和4年が課税期間である場合には、令和3年）の1月1日から6月30日までの課税売上高が1,000万円を超えた場合には（課税売上高に代えて給与等支払額の合計額により判定することも可）、課税事業者となります。

　この課税期間の前年の6か月間の判定期間を「特定期間」といいます。

個人事業者の納税義務の判定

①基準期間（前々年）②特定期間（前年1～6月）の課税売上高	①、②のいずれも1,000万円以下	……当年は、免税事業者
	①、②のいずれかが1,000万円超	……当年は、課税事業者

（注）特定期間での判定については、課税売上高に代えて給与等支払額の合計額により判定することも可。

2. 消費税の経理方式

消費税の課税対象となる取引の経理処理には，消費税額を売上げや経費・仕入れ等の金額と区分して扱うか否かにより，**税込経理方式**（消費税額を売上げや経費・仕入れ等の金額に含めて処理）と**税抜経理方式**（消費税額を売上げや経費・仕入れ等の金額と区分して処理）があります。

税込方式または税抜方式いずれの場合でも，税務署長等への届出は必要なく，事業者にとって都合の良い経理方式を採用して構いません（ただし，免税事業者の経理処理は税込方式のみ）。どちらの方式を採用しても，通常，納付すべき消費税額は同額になります。

なお，令和5年10月1日に導入されるインボイス制度のもとでの税抜経理方式では、経費・仕入れ等の支払い金額と区分した消費税額（仮払消費税）のうち，仕入税額控除の対象とならない免税事業者や消費者からの仕入れ等に係る税額相当分を、経費本体に繰入れる経理処理が別途，必要になります。

また，経理処理として税抜方式を採用していても，消費者に対して商品の販売や役務の提供をする場合，あらかじめ値札やチラシなどの広告，ダイレクトメール，ホームページ等でその価格を表示するときは，税込価格（内税方式）での価格表示（総額表示）が義務づけられています。

税込経理方式，税抜経理方式のいずれの場合でも，軽減税率（8％）の対象となる取引なのか，標準税率（10％）の対象となる取引なのかを明確に区分しておく必要があります。

令和元年10月1日に消費税率が10％に引上げられたことに伴い，低所得者の負担を軽減するため，飲食料品と新聞に対する軽減税率（8％）制度が実施されました。

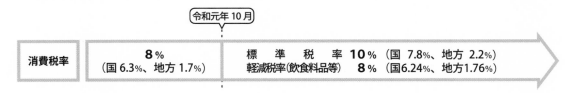

| 消費税率 | 8％
（国6.3％、地方1.7％） | 標　準　税　率　10％（国 7.8％、地方 2.2％）
軽減税率(飲食料品等)　8％（国6.24％、地方1.76％） |

令和元年10月

軽減税率（8％適用）の対象品目の概要

軽減税率の対象は、「飲食料品（酒類及び外食を除く）」と「定期購読契約が締結された週2回以上発行される新聞」です。

軽減税率（8％適用）	標準税率（10％適用）
●米　　　●酒米　　　●野菜　　　●果物 ●花（食用）　●製菓材料の種子 ●食肉 ●農家レストランの弁当の「持ち帰り販売」 ●送料（農産物価格に含まれている場合） ●包装代（農産物価格に含まれている場合） ●いちご狩りで採ったいちごを土産用に販売	●飼料用米　　　●種もみ　　　●日本酒 ●花（観賞用）　●栽培用の種子　　　●苗木 ●肉用牛などの生きた家畜 ●農家レストラン内での飲食（外食） ●ケータリング（相手方が指定した場所において行う役務を伴う飲食料品の提供） ●送料（農産物と別に請求する場合） ●包装代（農産物と別に請求する場合） ●いちご狩りの入園料　　　●販売等手数料

軽減税率対象の飲食料品は、人の飲用又は食用に供されるもの（食品表示法に規定する食品）です。
くわしくは、国税庁発行の軽減税率制度に関する各種リーフレット等を参照して下さい。

区分	税込経理方式	税抜経理方式
特徴	資産の購入や経費の支払いに係る消費税額は，その取得価額や経費の支払金額に含んで計上します。 　また，農畜産物や固定資産を売却して得た収入には，受け取った消費税額も含んで計上します。	資産の購入や経費の支払いに係る消費税額は，相手の事業者が預かる税金として仮払消費税に区分し，計上します。 　また，農畜産物や固定資産を売却して得た収入に対する消費税額は，自己の経営が預かる税金として仮受消費税に区分し，計上します。
長所	記帳は，消費税額を含んだ合計で行うため単純です。	消費税額が別に区分されているため，事業上の損益が消費税によって影響を受けることはありません。
短所	収入，支出等に消費税額が含まれて計上されているため，事業の損益は消費税によって影響を受けることになります。	記帳は，消費税額を別に区分して行うため，多少手数がかかります。
売上げに係る消費税額	売上げに含めて収益として計上します。	受け取った消費税額を売上げとは別に区分し，仮受消費税として計上します。
経費等に係る消費税額	資産の取得価額や経費の支払金額に含めて計上します。	支払額に対する消費税額を別に区分し，仮払消費税として計上します。
納付税額	租税公課として経費になります。	仮受消費税から仮払消費税を控除した残りの金額が納付税額となり，損益には影響しません。
還付税額	雑収入として収益になります。	仮払消費税から仮受消費税を控除した残りの金額を還付金として請求することができます。損益には影響しません。

※インボイス制度導入前の例によります

3. 日常の経理処理の仕方 ※インボイス制度導入前の例によります

税込方式および税抜方式による経理処理の仕訳例は，次のようになります。

［野菜の直売の売上げが8,640円（税込／軽減税率8％）あった］

税込方式

現 金 8,640	野菜売上 8,640
（現金の増）	（収益の発生）

税抜方式

現 金 8,640	野菜売上 8,000
（現金の増）	（収益の発生）
	仮受消費税 640
	（仮受消費税の増）

［肥料代5,500円（税込／標準税率10％）が口座引落しされた］
※買掛処理はしていないものとする

税込方式

肥 料 費 5,500	普通預金 5,500
（費用の発生）	（預金の減）

税抜方式

肥 料 費 5,000	普通預金 5,500
（費用の発生）	（預金の減）
仮払消費税 500	
（仮払消費税の増）	

税込みの金額を税抜きに直すには，次のように計算します。

$$税込金額 \times \left(\frac{100}{108} \text{または} \frac{100}{110} \right) = 税抜金額$$

以上の仕訳に基づき，それぞれの勘定科目ごとに，総勘定元帳等へ取引金額や内容，軽減税率の適否等について転記します。

なお，税抜方式による経理を採用した場合，仮受消費税額や仮払消費税額の計上は取引の都度（仕訳の都度）行うのが原則ですが，簡便法として，期中は税込みで仕訳をし，月末や年末に一括して仮受消費税・仮払消費税勘定へ振替処理する方法もあります。

簡便法による経理処理の仕訳例は，次のようになります。

現　　　金　　8,640	野 菜 売 上　　8,640		肥 料 費　　5,500	普通預金　　5,500
（現金の増）	（収益の発生）		（費用の発生）	（預金の減）

[月末や年末に仮受消費税・仮払消費税勘定へ振替]

野 菜 売 上　　640	仮受消費税　　640 （軽減税率8％）		仮払消費税　　500 （標準税率10％）	肥 料 費　　500
（収益の減算）	（仮受消費税の増）		（仮払消費税の増）	（費用の減算）

※仮受・仮払消費税額を計算する際には，期中の取引金額に8％適用分と10％適用分が混在していないか留意します（例えば食用米の売上（軽減税率8％）と飼料用米の売上（標準税率10％）の混在など）。

4. 納付税額等の経理処理の仕方と所得税の決算との関係

※インボイス制度導入前の例によります

　前出【消費税の経理方式】の項で説明したように，消費税の納付税額や還付税額については，税込経理方式の場合，納付税額は租税公課として費用処理し，還付税額は雑収入として収益処理することになります。

　一方，税抜経理方式の場合には，期中の仮受消費税額と仮払消費税額との差額の精算として納付や還付を行いますので，原則として所得税の損益には影響を与えないわけですが，実際には，消費税額等の端数処理やみなし計算の影響により，帳簿上の納付税額等と申告書上の納付税額等との間に差額が生じ，これを整理するための経理処理が必要になります。

　ここでは，納付税額等の実務上の経理処理方法とそれによる所得税の決算額の調整について，一般課税・簡易課税の別および税込経理方式・税抜経理方式の別に説明します。

(1)一般課税と簡易課税

　納付税額の計算方法には，一般的な計算方法である一般課税によるものと，中小事業者が選択できる簡易な計算方法である簡易課税によるものとがあります。

一般課税

　課税期間の課税売上げに係る消費税額から課税仕入れ等に係る消費税額を控除（仕入税額控除）したものが納付税額となります。

簡易課税

　中小事業者の納税事務の負担を軽くするための制度で，基準期間の課税売上高が5,000万円以下の事業者が事前に届出書を提出することにより選択できます。

　課税売上げに係る消費税額に，事業区分に応じた**「みなし仕入率」**（次の表参照）を乗じ，これを課税仕入れ等に係る消費税額とみなして納付税額を計算します。

　なお，簡易課税制度を選択した場合，当該年を含み2年間は変更できないことに留意。

事業区分	みなし仕入率	該当する事業
第1種事業	90%	**卸売業**
第2種事業	80%	**農業（軽減税率（8%）が適用されるもの），小売業** ・農産加工品等の製造，加工，販売（軽減税率（8%）が適用されるもの）
第3種事業	70%	**農業（標準税率（10%）が適用されるもの），林業，漁業，鉱業，建設業（造園業を含む），製造業（製造小売業を含む），電気業，ガス業，熱供給業および水道業** 　第1・2種事業に該当するものおよび加工賃その他これに類する料金を対価とする役務の提供を行う事業を除きます。 ・農産加工品等の製造，加工，販売（標準税率（10%）が適用されるもの） ・植木の手入れ等
第4種事業	60%	**飲食店業等** 　第1・2・3・5・6種事業以外の事業をいい，また，第3種事業から除かれる加工賃その他これに類する料金を対価とする役務の提供を行う事業を含みます。 ・固定資産の売却処分 ・作業受託
第5種事業	50%	**運輸通信業，金融・保険業，サービス業（飲食店業を除く）** 　第1・2・3種事業に該当する事業を除きます。 ・農業用機械等のリース
第6種事業	40%	**不動産業** ・不動産の貸付（一時使用以外の居住用および土地貸付を除く） ・駐車場業

(2)　一般課税の場合

　一般課税では，期中の課税売上げに係る消費税額から課税仕入れに係る消費税額を控除した残額が納付税額となります（課税仕入れに係る消費税額が過大で控除しきれない額があれば，それが還付税額となります）。

㋐　税込経理方式によっている場合

　消費税の納付税額または還付税額は，消費税の申告書が提出された時に具体的に確定することになりますので，原則として，その申告書を提出した日の属する年分（課税期間からみると翌年分）の必要経費または収入金額に計上します。

[納付税額の経理処理]

※納付時に処理

租　税　公　課	現金・普通預金など
（費用の発生）	（現金・預金の減）

[還付税額の経理処理]

※還付時に処理

普通預金など	雑　収　入
（預金の増）	（収益の発生）

　また，上記の方法に代え，申告書を作成する段階で明らかになった納付税額等について，課税期間の期末現在（12月31日現在）における「未払いの租税公課」または「未収の雑収入」として決算処理する方法をとっている場合には，当年分の必要経費または収入金額に計上することができます。

[納付税額の経理処理]

※決算時の処理

租　税　公　課	未　払　金
（費用の発生）	（未払金の増）

※納付時の処理

未　払　金	現金・普通預金など
（未払金の減）	（現金・預金の減）

[還付税額の経理処理]

※決算時の処理

未　収　金	雑　収　入
（未収金の増）	（収益の発生）

※還付時の処理

普通預金など	未収金
（預金の増）	（未収金の減）

　なお，消費税額の計算では，所得の種類に関係なく，その者が行う業務の全体を基として納付税額または還付税額を算出しますが，所得税では，それぞれの所得の種類ごとに所得金額を計算します。

したがって，農業者がその他の事業所得や不動産所得などを有する場合には，消費税の納付税額または還付税額について必要経費または収入金額に計上するにあたり，それぞれの所得に帰属すべき金額を，所得ごとの課税売上げや課税仕入れに係る消費税額を基に再計算する必要があります（消費税の計算では，業務用固定資産の譲渡がある場合には，譲渡所得としてではなく，その事業等の課税売上げに含めて計算します）。

⑦ 税抜経理方式によっている場合

税抜経理方式の場合には，原則として所得税の損益には影響しませんが，消費税額の計算手続き上，端数処理の影響により［仮受消費税額から仮払消費税額を控除した額］と［申告書の計算による実際の納付税額等］との間に若干の差額が生じます。

この差額については，当該課税期間の雑収入または租税公課等として処理します。

[納付税額の経理処理] ※決算時の処理

[事例1]

仮受消費税	611,483	仮払消費税	420,086
		未払消費税(注)	191,300
		雑 収 入	97

[事例2]

| 仮受消費税 | 611,483 | 仮払消費税 | 420,086 |
| 租 税 公 課 | 3 | 未払消費税(注) | 191,400 |

（注）未払消費税とは，決算時の計算により実際に納付することとなる税額をいう。

[還付税額の経理処理] ※決算時の処理

[事例3]

| 仮受消費税 | 623,865 | 仮払消費税 | 755,284 |
| 未収消費税(注) | 131,500 | 雑 収 入 | 81 |

[事例4]

仮受消費税	623,865	仮払消費税	755,284
未収消費税(注)	131,400		
租 税 公 課	19		

（注）未収消費税とは，決算時の計算により実際に還付されることとなる税額をいう。

また，一般課税では，非課税売上げが全体の売上げの一定割合を超える場合には，仮払消費税額のうち仕入控除税額として仮受消費税額から控除できるのは，課税売上げに関連した課税仕入れに対応する部分とされています（法30②）。

したがって，仮払消費税額のうち非課税売上げに関連した課税仕入れに対応する部分は，決算時に仮受消費税や未払消費税等と精算できずに残ってしまうことになります。

このような場合には，所得金額の計算上，残った仮払消費税額を個々の経費または資産の取得価額へ算入することになります。

(3) 簡易課税の場合

簡易課税では，期中の課税売上げに係る消費税額に事業区分に応じた「みなし仕入率」を乗じたものを仕入控除税額とし，これを課税売上げに係る消費税額から控除したものが納付税額となります。

課税売上げに係る消費税額を基にしたみなし計算により納付税額を算出するため，仕入控除税額が課税売上げに係る消費税額より過大になることはなく，原則，還付税額は発生しません。

㋐ 税込経理方式によっている場合

消費税の納付税額に係る経理処理と所得税の決算額の調整は，一般課税の場合と全く同様です。

また，農業所得と不動産所得等，2以上の所得を生ずべき業務がある場合の処理方法についても，一般課税の場合に準じます。

㋑ 税抜経理方式によっている場合

簡易課税の場合には，実際の課税仕入れに係る消費税額が計算要素として絡んでこないため，[仮受消費税額から仮払消費税額を控除した額] と [申告書の計算による実際の納付税額] との間には，恒常的に差額が生じます。

この差額については，一般課税の場合と同様に，当該課税期間の雑収入または租税公課等として処理します。

また，農業所得と不動産所得等，2以上の所得を生ずべき業務がある場合には，それぞれの所得について再計算・処理します（消費税の計算では，業務用固定資産の譲渡に係る仮受消費税額がある場合には，その事業等の仮受消費税額に含めます）。

[納付税額の経理処理] ※決算時の処理

[事例1]			[事例2]		
仮受消費税 611,483	仮払消費税 420,086		仮受消費税 611,483	仮払消費税 429,684	
	未払消費税(注) 183,300		租 税 公 課 1,501	未払消費税(注) 183,300	
	雑 収 入 8,097				

（注）未払消費税とは，決算時の計算により実際に納付することとなる税額をいう。

なお [事例2] のように，[仮受消費税額から仮払消費税額を控除した額] よりも [申告書の計算による実際の納付税額] が過大となっているケースは，簡易課税のみなし仕入率よりも実際の仕入率の方が上回っていることを意味しており，一般課税を選択する方が有利であることを示しています。

巻末資料

FA3100

令和 ⓪④ 年分所得税青色申告決算書（農業所得用）

住所	○○市△△町5-248	業種名	酪農・施設きゅうり、稲作	事務所所在地	
フリガナ	ミズタ コウサク	農園名	水田ファーム	依頼税理士等 氏名(名称)	
氏名	水田 耕作	電話番号	XXXX-21-3579	電話番号	

整理番号 ⓪ 1 2 3 4 5 6 7

損 益 計 算 書 （自 ⓪1 月 ⓪1 日 至 12 月 31 日）

	科目		金額（円）		科目		金額（円）		科目		金額（円）
収入金額	販売金額	①	24 733 650	経費	作業用衣料費	⑱			差引金額(⑦−㉟)	㊱	10 266 555
	家事消費額・事業消費額	②	119 400		農業共済掛金	⑲		各種引当金・準備金等	繰戻額等 貸倒引当金	㊲	
	雑収入	③	97 400		減価償却費	⑳	5 408 0083		農業経営基盤強化準備金	㊳	
	小計(①+②+③)	④	25 827 050		荷造運賃手数料	㉑	1 284 370			㊴	
	農産物の棚卸高 期首	⑤	127 150		雇人費	㉒	407 500		計	㊵	
	期末	⑥	927 0		利子割引料	㉓	57 000		繰入額等 専従者給与	㊶	6 180 000
	計(④−⑤+⑥)	⑦	25 792 250		地代・賃借料	㉔			貸倒引当金	㊷	
経費	租税公課	⑧	192 850		土地改良費	㉕			農業経営基盤強化準備金	㊸	
	種苗費	⑨	181 550		研修費	㉖	156 050			㊹	
	素畜費	⑩			事務通信費	㉗	138 500			㊺	
	肥料費	⑪	271 780		交際費	㉘	217 500		計	㊻	6 180 000
	飼料費	⑫	396 000		乳牛償却損	㉙			青色申告特別控除前の所得金額(㊱+㊵−㊻)	㊼	4 086 555
	農具費	⑬	327 360		雑費	㉚	110 000		青色申告特別控除額	㊽	650 000
	農薬衛生費	⑭	985 300		小計	㉛	16 616 695		所得金額(㊼−㊽)	㊾	3 436 555
	諸材料費	⑮	150 150		農産物以外の棚卸高 期首	㉜	332 110				
	修繕費	⑯	285 000		期末	㉝	463 010				
	動力光熱費	⑰	1 235 000		樹牛馬等の育成費用	㉞	510 000				
					計(㉛+㉜−㉝−㉞)	㉟	15 256 95				

㊼のうち、肉用牛について特例の適用を受ける金額 ㊿

●青色申告特別控除については、「決算の手引き」の「青色申告特別控除」の項を読んでください。
●下の欄には、書かないでください。

Ⓐ Ⓑ ⓭⓭

この青色申告決算書は機械で読み取りますので、黒のボールペンで書いてください。

令和 5 年 3 月 5 日

整理番号 0 1 2 3 4 5 6 7

令和 0 4 年分

提出用（令和二年分以降用）

フリガナ ミズタ コウサク
氏名　水田 耕作

Ⓐ 収入金額の内訳（現金主義によっている人は、期首、期末の棚卸高は記入しないでください。）

区分	作付面積（飼育頭羽数）	本年収穫量（生産頭羽数）	農産物の棚卸高 期首 数量	金額	家事消費 事業消費 金額	農産物の棚卸高 期末 数量	金額	販売金額
	a	kg	kg	円	円	kg	円	円
田　水稲	100	5,400	750	127,500	64,800	515	92,700	814,500
自家用野菜	5				54,600			
畑								
果樹								
特殊施設　温室きゅうり	1,000㎡	18,625						2,854,800
農産物　計				⑤127,500	②119,400		⑥92,700	
畜産物	頭羽数							
牛乳	27	218,025						3,669,300
子牛	7							20,494,350
廃牛	5							280,000
その他								290,000
合計					②119,400			①24,733,650

Ⓐ 雑収入

区分	金額
	円
米精算金等	250,000
子牛生産者補助金等	230,500
野菜等奨励金	493,500
合計	③974,000

Ⓑ 農産物以外の棚卸高の内訳（現金主義によっている人は、記入しないでください。）

区分	期首 数量	金額	期末 数量	金額
		円		円
未収穫農産物				5,610
販売用動物				
種苗 塩	3袋	5,310	3袋	7,080
飼料 加安264号	2	6,250	4	18,840
肥料 CDUハウス配合2号	2	5,080	6	4,080
農具わら	3t	108,000	4t	140,000
材料 乾配	1.8t	100,800	2t	112,000
種苗 ビニール	30コ	90,000	50コ	150,000
材料 オイゾー	0.5t	10,160	1袋	12,700
その他 バイジット粉剤	2.4	1,500	3	1,800
合計		②332,110		③463,010

Ⓒ 雇人費の内訳

氏名・住所又は作業名	日数	支給額 現金	現物	計	所得税及び復興特別所得税の源泉徴収税額
		円	円	円	円
きゅうり収穫	延20	160,000	10,000	170,000	0
飼育栽培作業	25	225,000	12,500	237,500	0
その他（　　人分）					
計	45	385,000	22,500	㉒407,500	0

Ⓓ 専従者給与の内訳

氏名	続柄	年齢	従事月数	支給額 給料	賞与	計	所得税及び復興特別所得税の源泉徴収税額
		歳	月	円	円	円	円
水田花子	妻	57	12	1,440,000	360,000	1,800,000	10,900
水田耕市	長男	33	12	1,920,000	660,000	2,580,000	44,900
水田恵子	長男の妻	31	12	1,440,000	360,000	1,800,000	10,900
計		延べ従事月数	3 6	4,800,000	1,380,000	㉔6,180,000	66,700 0

（注）①、②、③、⑤、⑥、②、②、②、③、③．それぞれを１ページの①、②、③、⑤、⑥、②、②、②、③、③．②の金額は、④の欄に移記してください。

（令和二年分以降用）

Ｅ 減価償却費の計算

減価償却資産の名称等（繰延資産を含む）	面積又は数量	⑦取得（成約）年月日	ⓘ取得価額（償却保証額）	償却の基礎になる金額	償却方法	耐用年数	⊘償却率又は改定償却率	本年中の償却期間	⑨本年分の普通償却費（ⓘ×⊘×⊜）	⊘割増（特別）償却費	ⓑ本年分の償却費合計（⑨＋⊘）	㋾事業専用割合	㋺本年分の必要経費算入額（ⓑ×㋾）	⑨未償却残高（期末残高）	摘要
		年 ・ 月 ・ 日	円 （ ）	円		年	%	月/12	円	円	円	%	円	円	
別紙のとおり		・ ・	（ ）					/12							
		・ ・	（ ）					/12							
		・ ・	（ ）					/12							
		・ ・	（ ）					/12							
		・ ・	（ ）					/12							
		・ ・	（ ）					/12							
		・ ・	（ ）					/12							
		・ ・	（ ）					/12							
計											㉗				

（注）平成19年4月1日以後に取得した減価償却資産について定率法を採用する場合にのみ⑨欄のカッコ内に償却保証額を記入します。

Ｆ 果樹・牛馬等の育成費用の計算（販売用の牛馬、受託した牛馬は除きます。）

果樹・牛馬等の名称	取得・定植・生産の年月日	⑦前年からの繰越額	ⓛ本年中の種苗費、種付費、素畜費	⊜本年中の肥料、農薬等の投下費用	ⓗ小計（ⓛ＋⊜）	㋾育成中の果樹等から生じた収入金額	⊘本年に取得価額に加算する金額（ⓗ－㋾）	ⓑ本年中に成熟したものの取得価額	㋾翌年への繰越額（⑦＋⊘－ⓑ）
育成 牛		円 680,000	円 50,000	円 460,000	円 510,000	円	円 510,000	円 580,000	円 610,000
計		680,000	50,000	460,000	㉙ 510,000		510,000	580,000	610,000

Ｇ 地代・賃借料の内訳

支払先の住所・氏名	小作料、賃借料等の別	面積数量	支払額	左のうち必要経費算入額
		a・kg	円	円

（注）⑳、㉙の金額は、それぞれを1ページの⑳、㉙の欄に移記してください。

Ｈ 利子割引料の内訳（農協・金融機関を除きます。）

支払先の住所・氏名	期末現在の借入金等の金額	本年中の利子割引料	左のうち必要経費算入額
	円	円	円

Ｉ 税理士・弁護士等の報酬・料金の内訳

支払先の住所・氏名	本年中の報酬等の金額	左のうち必要経費算入額	所得税及び復興特別所得税の源泉徴収税額
	円	円	円

⑮ 減価償却費の計算

減価償却資産の名称等（繰延資産を含む）	面積又は数量	取得（成熟）年月	①取得価額（償却保証額）	㋺償却の基礎になる金額	償却方法	耐用年数	㋩償却率又は改定償却率	㊁本年中の償却期間	㋭本年分の普通償却費（㋺×㋩×㊁）	㋬割増（特別）償却費	㋣本年分の償却費合計（㋭＋㋬）	㋠事業専用割合	㋷本年分の必要経費算入額（㋣×㋠）	㋦未償却残高（期末残高）	摘要
浄化槽	1	21・3	1,241,800円	1,241,800円	定額	17年	0.059	12/12月	73,266円	—円	73,266円	100%	73,266円	228,287円	
サイロ	1	22・4	229,800	229,800	〃	17	0.059	12/12	13,558	—	13,558	100	13,558	56,935	
トラクター	1	26・9	1,697,000	1,697,000	〃	7	0.143	12/12	—		—	100	—	1	備忘価額
ドライブハロー	1	2・2	1,000,000	1,000,000	〃	7	0.143	12/12	143,000	—	143,000	100	143,000	582,917	
ドローン	1	3・3	1,800,000	1,800,000	〃	7	0.143	12/12	257,400	—	257,400	100	257,400	1,328,100	
パイプラインミルカー	1	27・5	860,000	860,000	〃	7	0.143	12/12	40,132	—	40,132	100	40,132	1	備忘価額
牛舎	1	28・1	15,358,000	15,358,000	〃	31	0.033	12/12	506,814	—	506,814	100	506,814	11,810,302	
バンクリーナー	1	29・6	2,111,000	2,111,000	〃	7	0.143	12/12	301,873	—	301,873	100	301,873	425,542	
バルククーラー	1	29・7	1,050,000	1,050,000	〃	7	0.143	12/12	150,150	—	150,150	100	150,150	224,175	
田植機	1	31・3	2,400,000	2,400,000	〃	7	0.143	12/12	343,200	—	343,200	100	343,200	1,084,400	
ダンプ	1	1・5	1,869,000	1,869,000	〃	4	0.250	12/12	467,250	—	467,250	100	467,250	155,750	
温室一式	1	1・9	3,880,000	3,880,000	〃	14	0.072	12/12	279,360	—	279,360	100	279,360	2,948,800	
コンバイン	1	3・3	1,500,000	1,500,000	〃	2	0.500	12/12	750,000	—	750,000	100	750,000	125,000	中古
搾乳ポンプ	1	4・5	250,000	250,000	—	—	—	—/12	250,000	—	250,000	100	250,000	–	措法28の2
管理機	1	4・3	150,000	150,000	—	—	1/3	—/12	50,000	—	50,000	100	50,000	100,000	一括償却資産
乳牛1		29・10	300,000	300,000	定額	4	0.250		—	—	—	100	—	0	3/10廃用
乳牛2		29・12	280,000	280,000	〃	〃	〃	12	—	—	—	100	—	0	5/10廃用
乳牛3		30・2	280,000	280,000	〃	〃	〃	12/12	5,832	—	5,832	100	5,832	1	備忘価額
乳牛4		30・4	300,000	300,000	〃	〃	〃	6/12	18,750	—	18,750	100	18,750	0	6/10廃用
乳牛5		30・5	290,000	290,000	〃	〃	〃	10/12	24,167	—	24,167	100	24,167	0	10/10廃用
乳牛6		30・7	600,000	600,000	〃	〃	〃	7/12	75,000	—	75,000	100	75,000	0	7/10廃用
乳牛7		30・9	580,000	580,000	〃	〃	〃	12/12	96,666	—	96,666	100	96,666	1	備忘価額
計											⑳		㊓		

（注）平成19年4月1日以後に取得した減価償却資産について定率法を採用する場合にのみ㋩欄のカッコ内に償却保証額を記入します。

○E 減価償却費の計算

減価償却資産の名称等（繰延資産を含む）	面積又は数量	取得年月（償却の開始月）	イ 取得価額（償却保証額）	ロ 償却の基礎になる金額	償却方法	耐用年数	ハ 償却率又は改定償却率	ニ 本年中の償却期間	ホ 本年分の普通償却費（ロ×ハ×ニ）	ヘ 割増（特別）償却費	ト 本年分の償却費合計（ホ＋ヘ）	チ 事業専用割合	リ 本年分の必要経費算入額（ト×チ）	ヌ 未償却残高（期末残高）	摘要
乳牛 8		30・11	310,000	310,000	定額	4	0.250	12/12	64,582	—	64,582	100	64,582	1	備忘価額
乳牛 9		31・2	270,000	270,000	〃	〃	0.250	12/12	67,500	—	67,500	100	67,500	5,625	
乳牛 10		31・4	280,000	280,000	〃	〃	0.250	12/12	70,000	—	70,000	100	70,000	17,500	
乳牛 11		1・7	300,000	300,000	〃	〃	0.250	12/12	75,000	—	75,000	100	75,000	37,500	
乳牛 12		1・9	280,000	280,000	〃	〃	0.250	12/12	70,000	—	70,000	100	70,000	46,667	
乳牛 13		1・11	300,000	300,000	〃	〃	0.250	12/12	75,000	—	75,000	100	75,000	62,500	
乳牛 14		1・12	300,000	300,000	〃	〃	0.250	12/12	75,000	—	75,000	100	75,000	68,750	
乳牛 15		2・1	280,000	280,000	〃	〃	0.250	12/12	70,000	—	70,000	100	70,000	70,000	
乳牛 16		2・3	300,000	300,000	〃	〃	0.250	12/12	75,000	—	75,000	100	75,000	87,500	
乳牛 17		2・7	570,000	570,000	〃	〃	0.250	12/12	142,500	—	142,500	100	142,500	213,750	
乳牛 18		2・9	610,000	610,000	〃	〃	0.250	12/12	152,500	—	152,500	100	152,500	254,167	
乳牛 19		2・10	300,000	300,000	〃	〃	0.250	12/12	75,000	—	75,000	100	75,000	131,250	
乳牛 20		2・11	290,000	290,000	〃	〃	0.250	12/12	72,500	—	72,500	100	72,500	132,917	
乳牛 21		3・2	300,000	300,000	〃	〃	0.250	12/12	75,000	—	75,000	100	75,000	156,250	
乳牛 22		3・3	290,000	290,000	〃	〃	0.250	12/12	72,500	—	72,500	100	72,500	157,083	
乳牛 23		3・6	300,000	300,000	〃	〃	0.250	12/12	75,000	—	75,000	100	75,000	181,250	
乳牛 24		3・9	300,000	300,000	〃	〃	0.250	12/12	75,000	—	75,000	100	75,000	200,000	
乳牛 25		3・10	280,000	280,000	〃	〃	0.250	12/12	70,000	—	70,000	100	70,000	192,500	
乳牛 26		4・2	300,000	300,000	〃	〃	0.250	11/12	68,750	—	68,750	100	68,750	231,250	
乳牛 27		4・6	280,000	280,000	〃	〃	0.250	7/12	40,833	—	40,833	100	40,833	239,167	
計									5,408,083		5,408,083		⑳ 5,408,083	19,654,135	

(注) 平成19年4月1日以後に取得した減価償却資産について定率法を採用する場合に①の欄のカッコ内に償却保証額を記入します。

整理番号 | F A 3 1 7 5

貸借対照表（資産負債調）

（令和4年12月31日現在）

● 65万円又は55万円の青色申告特別控除を受ける人は必ず記入してください。それ以外の人でも分かる箇所はできるだけ記入してください。

資 産 の 部

科目	1月1日（期首）	12月31日（期末）
現金	98,280 円	122,600 円
普通預金	1,738,000	2,066,942
定期預金	7,200,000	9,300,000
その他の預金		
売掛金	1,250,000	1,310,000
未収金		
有価証券	250,000	250,000
農産物等	127,500	92,700
未収穫農産物等		
未成熟の果樹 青果中の牛馬等	680,000	610,000
肥料その他の貯蔵品	332,110	463,010
前払金		
貸付金		
建物・構築物	15,917,322	15,044,324
農機具等	6,378,891	4,025,886
果樹・牛馬等	3,687,711	2,485,629
土地	8,567,000	8,567,000
土地改良受益者負担金		
事業主貸		6,353,530
合計	46,226,814	50,691,621

負 債 ・ 資 本 の 部

科目	1月1日（期首）	12月31日（期末）
買掛金	円	円
借入金	580,000	620,000
未払金	6,800,000	5,800,000
前受金		
預り金	59,460	11,894
貸倒引当金		
事業主借		1,385,818
元入金	38,787,354	38,787,354
青色申告特別控除前の所得金額		4,086,555
合計	46,226,814	50,691,621

（注）「元入金」は、「期首の資産の総額」から「期首の負債の総額」を差し引いて計算します。

（令和二年分以降用）

① 貸倒引当金繰入額の計算（現金主義によっている人は、記入しないでください。）

		金 額
個別評価による本年分繰入額（個別評価に関する明細書の⑧欄の金額を書いてください。）	イ	円
一括評価による年末における一括評価による貸倒引当金の繰入れの対象となる貸金の合計額	ロ	
繰入額 本年分繰入限度額（ロ×5.5％）	ハ	
本年分繰入額	ニ	
本年分の貸倒引当金繰入額（イ＋ニ）	ホ	

⑧ 青色申告特別控除額の計算（この計算に当たっては、「決算の手引き」の「青色申告特別控除」の項を読んでください。）

本年分の不動産所得の金額（青色申告特別控除前の金額）	ヘ	（赤字のときは0） 0 円
青色申告特別控除前の事業所得の金額（1ページの⑨欄の⑭欄の金額を書いてください。）	ト	（赤字のときは0） 4,086,555
65万円又は55万円の青色申告特別控除を受ける場合	青色申告特別控除額（不動産所得から差し引かれる青色申告特別控除額です。）	チ	0
	青色申告特別控除額（65万円又は55万円とヘとのいずれか少ない方の金額）	リ	650,000
上記以外の場合	青色申告特別控除額（不動産所得から差し引かれる青色申告特別控除額です。）	ヌ	
	青色申告特別控除額（10万円－ヘとのいずれか少ない方の金額）	ル	

⑨ 本年中における特殊事情

（注）チ、リ、ルの金額は、それぞれ1ページの⑳、㉑、㉒の欄に移記してください。

２．減価償却資産の耐用年数表（抄）

(1) 建　物（別表第一）

種類	構造又は用途		細　　　　目	耐用年数
建物	鉄骨鉄筋コンクリート，鉄筋コンクリート		住宅用等 と畜場用等 作業場，倉庫用	47年 38 38
	ブロック，レンガ，石造		住宅用等 と畜場用等 作業場，倉庫用	38 34 34
	金属造	骨格材の肉厚 （4ミリメートルを超える）	住宅用等 と畜場用等 作業場，倉庫用	34 31 31
		（3〃を超え4〃以下）	住宅用等 と畜場用等 作業場，倉庫用	27 25 24
		（3〃以下）	住宅用等 と畜場用等 作業場，倉庫用	19 19 17
	木造，合成樹脂造		住宅用等 と畜場用等 作業場，倉庫用	22 17 15
	木骨モルタル造		住宅用等 と畜場用等 作業場，倉庫用	20 15 14
	簡　易　建　物		主要柱が10cm以下で杉皮，ルーフィング，トタンぶきのもの 掘立造，仮設のもの	10 7

（注） 飼育用の建物—例えば家畜，家きん，毛皮獣等の育成，肥育，搾乳等用に供する建物—については，「と畜場用等」に含めることができます。

(2) 構築物（別表第一）

種　類	構造又は用途		細　　　　目	耐用年数	
				20年まで	21年～
構築物	農林業のもの	主としてコンクリート造，れんが造，石造又はブロック造の構築物	○果樹又はホップ棚 　斜降索道設備及び牧さく（電気牧さくを含む） ○その他のもの（例示） 　頭首工，えん堤，ひ門，用水路，かんがい用配管，農用井戸，貯水そう，肥料だめ，たい肥盤，温床わく，サイロ，あぜ等	17年 17 20	14年 17
		主として金属造の構築物	○斜降索道設備 ○その他のもの（例示） 　農用井戸，かん水用又は散水用配管，果樹棚等	13 15	 14
		主として木造の構築物	（例示） 温床わく，果樹又はホップ棚，斜降索道設備，稲架，牧さく（電気牧さくを含む）等	5	5
		土管を主とした構築物	（例示） 暗きょ，農用井戸，かんがい用配管等	10	10
		その他の構築物	（例示） 薬剤散布およびかんがい用塩化ビニール配管等	8	8

（注） ガラス温室は，構築物として取り扱われます。骨格材が金属製の場合の耐用年数は平成20年までは15年，21年からは14年です。

(3) 車両及び運搬具他（別表第一）

種　類	構造又は用途	細　　　　　　　　目	耐用年数
車両及び運搬具	特殊自動車，運送事業用など以外のもの	自動車（二輪又は三輪自動車を除く。） 　小型車（総排気量が0.66リットル以下のものをいう。） 　その他のもの 　　貨物自動車 　　　ダンプ式のもの 　　　その他のもの 　　その他のもの 二輪又は三輪自動車 自転車 フォークリフト トロッコ 　金属製のもの 　その他のもの その他のもの 　自走能力を有するもの 　その他のもの	年 4 4 5 6 3 2 4 5 3 7 4

(4) 器具及び備品（別表第一）

種　　類	構造又は用途	細　　　　　目	耐用年数 平成20年まで	耐用年数 平成21年〜
器具及び備品	2　事務機器及び通信機器	電子計算機 　パーソナルコンピュータ（サーバー用のものを除く） 　その他	4年 5	4年 5
	11　前掲のもの以外のもの	きのこ栽培用ほだ木 　生しいたけ栽培用のもの 　その他のもの その他のもの 　主として金属製のもの 　その他のもの	2 4 10 5	3 10 5

(注) ビニールハウスは，平成21年からは次の取扱いによります。
【国税庁HP質疑応答事例より】
　1　ビニールハウスが「構築物」に該当するものである場合には，その構造に応じて別表第一の「構築物」の「農林業用のもの」に掲げる耐用年数を適用することになり，骨格部分が金属造のものなら，「主として金属造のもの」の耐用年数14年を，木造のものなら，「主として木造のもの」の耐用年数5年を，その他のものなら，「その他のもの」の耐用年数8年を適用することになります。
　2　構築物に該当しないビニールハウスである場合には，別表第一の「器具及び備品」の「11　前掲のもの以外のもの」に掲げる耐用年数を適用することになり，骨格部分が金属製のものなら，「主として金属製のもの」の耐用年数10年を，その他のものなら，「その他のもの」の耐用年数5年を適用することになります。
　※　構築物とは「土地に定着して建設された工作物で周壁，屋根を有しないもの」（全国農業図書：勘定科目別農業簿記マニュアル）とされています。したがって，ビニールハウスの骨格材を土地または基礎に固定して使用する場合には，構築物に該当します。

(5) 機械及び装置（別表第二）

番　号	設　備　の　種　類	細　　　目	耐用年数
25	農業用設備		7年

(注) 旧別表第七（農林業用減価償却資産）は，削除されました。

恒温装置，ボイラー，給排水ポンプ等（旧別表第二）……温室と一括して減価償却費を計算する場合				
番　号	設　備　の　種　類	細　　　目	耐用年数 平成20年まで	平成21年〜
368	種苗花き園芸設備		10年	7年

(6) 生物（別表第四）

種　類	細　　　　　目	耐用年数 平成20年まで	耐用年数 平成21年〜	成熟年数
牛	農業使役用	6 年	6 年	満年
	小運搬使役用	5		
	繁殖用（家畜改良増殖法（昭和25年法律第209号）に基づく種付証明書又は授精証明書，体内受精卵移植証明書又は体外受精卵移植証明書のあるものに限る。）			2
	肉用牛	5	6	
	乳用牛	4	4	
	種付用（家畜改良増殖法に基づく種畜証明書の交付を受けた種おす牛に限る。）			
	肉用牛	4	4	
	乳用牛	4	4	
	その他用	6	6	
馬	農業使役用	8	8	2
	小運搬使役用	6		4
	繁殖用（家畜改良増殖法に基づく種付証明書又は授精証明書のあるものに限る。）	7	6	3
	種付用（家畜改良増殖法に基づく種畜証明書の交付を受けた種おす馬に限る。）	6	6	4
	競争用	4	4	2
	その他用	8	8	2
豚	種付用	3	3	2
	繁殖用			1
綿羊及びやぎ	種付用	3	4	2
	その他用	5	6	
かんきつ樹	温州みかん	40	28	8〜13
	その他	35	30	15
りんご樹	わい化	20	20	10
	その他	29	29	
ぶどう樹	甲州ぶどう	15	15	6
	温室ぶどう	10	12	
	その他	12	15	
な　し　樹		20	26	8
桃　　　樹		12	15	5
桜　桃　樹		20	21	8
び　わ　樹		30	30	8
く　り　樹		25	25	8
梅　　　樹		25	25	7
か　き　樹		35	36	10
あ ん ず 樹		20	25	7
す も も 樹		15	16	7
い ち じ く 樹		10	11	5
キウイフルーツ樹			22	—
ブルーベリー樹			25	
パイナップル		3	3	—
茶　　　樹		35	34	8
オ リ ー ブ 樹		25	25	8
つ ば き 樹		25	25	8
桑　　　樹	立て通し	18	18	7
	根刈り，中刈り，高刈り	13	9	3
こ り や な ぎ		10	10	3
み つ ま た		9	5	4
こ　う　ぞ		9	9	3
も う 宗 竹		20	20	—
アスパラガス		10	11	—
ラ　ミ　ー		8	8	3
ホ　ッ　プ		8	9	3
ま お ら ん		10	10	—

（注）成熟年齢又は樹齢は所得税基本通達（49−28）

(7) 公害防止（別表第五）

種　　　類	細　　　　　　　　目	耐用年数	
		平成20年まで	平成21年～
構　築　物	槽，塔，水路，貯水池その他のもの 　鉄骨鉄筋コンクリート造，鉄筋コンクリート造又は石造のもの 　れんが造のもの 　コンクリート造，金属造又は土造のもの 　木造又は合成樹脂造のもの	年 30 20 15 10	年 18
機械及び装置		7	5

減価償却資産の償却率，改定償却率及び保証率の表

耐用年数	平成19年4月1日以後取得				耐用年数	平成19年3月31日以前取得	
	定額法償却率	定率法				旧定額法償却率	旧定率法償却率
		償却率	改定償却率	保証率			
2	0.500	1.000	—	—	2	0.500	0.684
3	0.334	0.833	1.000	0.02789	3	0.333	0.536
4	0.250	0.625	1.000	0.05274	4	0.250	0.438
5	0.200	0.500	1.000	0.06249	5	0.200	0.369
6	0.167	0.417	0.500	0.05776	6	0.166	0.319
7	0.143	0.357	0.500	0.05496	7	0.142	0.280
8	0.125	0.313	0.334	0.05111	8	0.125	0.250
9	0.112	0.278	0.334	0.04731	9	0.111	0.226
10	0.100	0.250	0.334	0.04448	10	0.100	0.206
11	0.091	0.227	0.250	0.04123	11	0.090	0.189
12	0.084	0.208	0.250	0.03870	12	0.083	0.175
13	0.077	0.192	0.200	0.03633	13	0.076	0.162
14	0.072	0.179	0.200	0.03389	14	0.071	0.152
15	0.067	0.167	0.200	0.03217	15	0.066	0.142
16	0.063	0.156	0.167	0.03063	16	0.062	0.134
17	0.059	0.147	0.167	0.02905	17	0.058	0.127
18	0.056	0.139	0.143	0.02757	18	0.055	0.120
19	0.053	0.132	0.143	0.02616	19	0.052	0.114
20	0.050	0.125	0.143	0.02517	20	0.050	0.109
21	0.048	0.119	0.125	0.02408	21	0.048	0.104
22	0.046	0.114	0.125	0.02296	22	0.046	0.099
23	0.044	0.109	0.112	0.02226	23	0.044	0.095
24	0.042	0.104	0.112	0.02157	24	0.042	0.092
25	0.040	0.100	0.112	0.02058	25	0.040	0.088
26	0.039	0.096	0.100	0.01989	26	0.039	0.085
27	0.038	0.093	0.100	0.01902	27	0.037	0.082
28	0.036	0.089	0.091	0.01866	28	0.036	0.079
29	0.035	0.086	0.091	0.01803	29	0.035	0.076
30	0.034	0.083	0.084	0.01766	30	0.034	0.074
31	0.033	0.081	0.084	0.01688	31	0.033	0.072
32	0.032	0.078	0.084	0.01655	32	0.032	0.069
33	0.031	0.076	0.077	0.01585	33	0.031	0.067
34	0.030	0.074	0.077	0.01532	34	0.030	0.066
35	0.029	0.071	0.072	0.01532	35	0.029	0.064
36	0.028	0.069	0.072	0.01494	36	0.028	0.062
37	0.028	0.068	0.072	0.01425	37	0.027	0.060
38	0.027	0.066	0.067	0.01393	38	0.027	0.059
39	0.026	0.064	0.067	0.01370	39	0.026	0.057
40	0.025	0.063	0.067	0.01317	40	0.025	0.056
41	0.025	0.061	0.063	0.01306	41	0.025	0.055
42	0.024	0.060	0.063	0.01261	42	0.024	0.053
43	0.024	0.058	0.059	0.01248	43	0.024	0.052
44	0.023	0.057	0.059	0.01210	44	0.023	0.051
45	0.023	0.056	0.059	0.01175	45	0.023	0.050
46	0.022	0.054	0.056	0.01175	46	0.022	0.049
47	0.022	0.053	0.056	0.01153	47	0.022	0.048
48	0.021	0.052	0.053	0.01126	48	0.021	0.047
49	0.021	0.051	0.053	0.01102	49	0.021	0.046
50	0.020	0.050	0.053	0.01072	50	0.020	0.045

（注）耐用年数省令別表第九及び別表第十には，耐用年数100年までの計数が規定されています。

平成24年4月1日以後に取得をされた減価償却資産の定率法の償却率、改定償却率及び保証率の表（耐用年数省令別表第十）

耐用年数	償却率	改定償却率	保証率
2	1.000	—	—
3	0.667	1.000	0.11089
4	0.500	1.000	0.12499
5	0.400	0.500	0.10800
6	0.333	0.334	0.09911
7	0.286	0.334	0.08680
8	0.250	0.334	0.07909
9	0.222	0.250	0.07126
10	0.200	0.250	0.06552
11	0.182	0.200	0.05992
12	0.167	0.200	0.05566
13	0.154	0.167	0.05180
14	0.143	0.167	0.04854
15	0.133	0.143	0.04565
16	0.125	0.143	0.04294
17	0.118	0.125	0.04038
18	0.111	0.112	0.03884
19	0.105	0.112	0.03693
20	0.100	0.112	0.03486
21	0.095	0.100	0.03335
22	0.091	0.100	0.03182
23	0.087	0.091	0.03052
24	0.083	0.084	0.02969
25	0.080	0.084	0.02841
26	0.077	0.084	0.02716
27	0.074	0.077	0.02624
28	0.071	0.072	0.02568
29	0.069	0.072	0.02463
30	0.067	0.072	0.02366
31	0.065	0.067	0.02286
32	0.063	0.067	0.02216
33	0.061	0.063	0.02161
34	0.059	0.063	0.02097
35	0.057	0.059	0.02051
36	0.056	0.059	0.01974
37	0.054	0.056	0.01950
38	0.053	0.056	0.01882
39	0.051	0.053	0.01860
40	0.050	0.053	0.01791
41	0.049	0.050	0.01741
42	0.048	0.050	0.01694
43	0.047	0.048	0.01664
44	0.045	0.046	0.01664
45	0.044	0.046	0.01634
46	0.043	0.044	0.01601
47	0.043	0.044	0.01532
48	0.042	0.044	0.01499
49	0.041	0.042	0.01475
50	0.040	0.042	0.01440

（注）耐用年数省令別表第十には、耐用年数100年までの計数が掲げられています。

姉妹書のご案内

令和版　記帳感覚が身につく
複式農業簿記実践演習帳

規格・ページ数：Ａ４判・48ページ

定価　　　　：420円（本体価格380円＋税）

図書コード　：R03-08

発行　　　　：一般社団法人　全国農業会議所

3訂　「わかる」から「できる」へ
複式農業簿記実践テキスト

令和5年1月　　　　　　　　定価1,700円（本体価格1,545円＋税）

発　行　一般社団法人　全国農業会議所

〒102-0084　東京都千代田区二番町9-8
（中央労働基準協会ビル内）
ＴＥＬ 03-6910-1131
ＦＡＸ 03-3261-5134

R04－26